다 원 가

플 라 톤 가

하늘, 땅, 인간 그리고 과학

회남자 & 황제내경

지식인마을 20 하늘, 땅, 인간 그리고 과학

회남자 & 황제내경

저자_ 강신주

1판 1쇄 발행_ 2007. 3. 12.
2판 1쇄 발행_ 2013. 11. 11.
2판 3쇄 발행_ 2020. 2. 10.

발행처_ 김영사
발행인_ 고세규

등록번호_ 제406-2003-036호
등록일자_ 1979. 5. 17.

경기도 파주시 문발로 197(문발동) 우편번호 10881
마케팅부 031)955-3100, 편집부 031)955-3200, 팩스 031)955-3111

저작권자 ⓒ 2007 강신주
값은 뒤표지에 있습니다.
ISBN 978-89-349-2429-6 04400
　　　978-89-349-2136-3 (세트)

홈페이지_ www.gimmyoung.com　　　블로그_ blog.naver.com/gybook
페이스북_ facebook.com/gybooks　　　이메일_ bestbook@gimmyoung.com

좋은 독자가 좋은 책을 만듭니다.
김영사는 독자 여러분의 의견에 항상 귀 기울이고 있습니다.

하늘, 땅, 인간 그리고 과학

지식인마을 20

회남자 & 황제내경

강신주 지음

김영사

과학정신 그리고 동양의 과학사상

　과학은 보편성을 지향하고, 또 그렇게 해야만 합니다. 언젠가 어느 과학자가 "과학에는 국경이 없지만, 과학자에게는 국적이 있다"는 말을 한 적이 있습니다. 이 말이 과연 옳을까요? 이 말은 궤변에 불과합니다. 과학은 특정 국가에 종속되는 것이 아니라 모든 인류를 위해서 존재하는 것이기 때문입니다. 만일 인간의 불치병을 획기적으로 치료할 수 있는 의학적 발견과 발명이 있다면, 그 혜택은 모든 인간에게 돌아가야만 합니다. 개인의 이익과 국가의 이익이라는 이름으로 자행되고 있는 저작권의 논리는 기본적으로 장사꾼의 논리이지, 과학자의 논리는 아닙니다. 과학은 과거나 현재를 지향하지 않기 때문입니다. 과학은 미래를, 그리고 그 속에 살아갈 우리 후손들의 보다 나은 삶을 지향해야 합니다. 이 점에서 과학적 성취를 독점하려는 모든 시도는 과학의 참된 정신에 대한 배신행위라고 할 수 있습니다. 따라서 우리는 한국 과학, 미국 과학, 일본 과학이란 말을 경계해야만 합니다. 이것은 현재 우리의 이익만을 추구하는 좁은 생각이기 때문입니다. 또한 우리는 동양의 전통 과학, 서양의 근대 과학이란 말도 경계해야만 합니다. 이것은 과거 전통이 지닌 특수성만을 지나치게 강조할 위험이 있기 때문입니다.

　과학의 참다운 정신을 염두에 두면서 저는 2천여 년 전 중국 한나라 시대에 완성된 『회남자』와 『황제내경』을 살펴보려고 합니다. 이 두 책에는 동양의 전통 과학 사상이 압축되어 표현되고 있기 때문입니다. 그러나 아쉽게도 우리는 『회남자』와 『황제내경』을 지은 과학자

들이 누구인지 알 수가 없습니다. 동양에서는 전통적으로 과학과 과학자를 경시했던 풍조가 있었기 때문입니다. 그러나 이 두 책에 실려 있는 이름 모를 과학자들의 과학사상은 매우 중요합니다. 그들의 생각은 중국뿐만 아니라 동양 전체의 전통 과학사상의 가능성과 한계를 가장 분명하게 보여주고 있기 때문입니다. 주변을 둘러보십시오. 아직도 우리의 삶은 동양의 전통 과학사상에 깊이 연루되어 있습니다. 한의학이 서양의학보다 우월하다고 자신하는 한의사들, 결혼을 앞두고 길일을 잡으려는 신세대 연인들, 자손을 위해 부모의 묫자리에 신경을 쓰는 어른들, 신토불이를 주장하는 농민들, 그리고 수맥의 불길한 기운을 막기 위해 달마도를 구하려는 사람들 등등. 이런 생각들은 과연 옳은 것일까요? 서양과학이 접근하기 힘든 동양의 지혜일까요? 아니면 아무런 근거가 없는 미신일까요? 꼬리에 꼬리를 무는 의문에 답하기 위해서 우리는 『회남자』와 『황제내경』이 열어놓은 과학사상에 귀를 기울여야만 합니다. 자! 이제 저와 함께 낯선 세계로 여행을 떠나보도록 합시다.

강 신 주

이 책을 어떻게 볼까?

동서양의 위대한 사상가들이 한마을에 모여서 살고 있다고 상상해 보자. 〈지식인마을〉 시리즈는 여러분이 마을 이곳저곳을 여행하면서 만나게 되는 지식인들을 통해 지식을 습득하고 학문의 영역을 넓힐 수 있도록 기획된 통합적 지식 교양서이다.

총 50권 속에는 인문·사회·과학기술·예술 분야에서 뛰어난 업적을 남긴 지식인 100명이 촌장(개척자)과 일꾼(계승자)으로 등장한다. 각 지식인들은 대립·계승·영향의 관계 속에서 해당 분야에 대한 지식의 지평을 넓히는 데 도움을 준다. 그리고 각 도서는 제목에 등장하는 두 지식인은 물론 그들과 관련된 더 많은 지식 네트워크를 보여줌으로써 전체 50권을 통해 여러분 스스로 '지식의 지도'를 그릴 수 있도록 구성되었다.

 지식인마을로의 초대 | 지식인마을의 촌장과 일꾼들로부터 멋진 초대장이 배달된다. 여러분은 이 초대장에서 앞으로 본격적으로 다룰 주제와 내용을 잠깐 맛볼 수 있을 것이다. 배경지식과 독서 포인트도 함께 제시된다.

 지식인과의 만남 | 드디어 여러분은 촌장과 일꾼들을 만나게 된다. 때로 그들은 자신들이 걸어온 파란만장한 삶을 솔직 담백하게 이야기해줄 것이고, 거기서 어떻게 그런 불꽃 같은 사상들이 나오게 되었는지를 설명해줄 것이다. 그리고 그 과정에서 만난 다른 동료 지식인들도 소개해줄 것이다. 그중에는 단짝도 있겠지만 앙숙도 있다. 여기서 여러분은 자신이 만난 두 지식인이 왜 한 지붕 아래 살고 있는지를 궁극적으로 이해하게 될 것이다.

 지식토크, 테마토크 | 지식인들이 대화를 하기 위해 모였다. 덕담이 오갈 수도 있지만 불꽃 튀는 논쟁이 벌어지기도 한다. 여기서는 그들이 무엇 때문에 그토록 치열하게 토론하고 있는지를 앞선 만남의 맥락 안에서 정리해보게 될 것이다.

 이슈@지식 | 오늘날 우리를 골치 아프게 하는 수많은 쟁점들은 대개 역사적 뿌리를 갖고 있다. 즉 지식인마을의 촌장과 일꾼들이 만든 지식의 보고는 지금 우리의 문제를 해결하는 데에도 좋은 실마리를 제공한다. 여기서 여러분은 과거의 지식이 오늘날 어떻게 변주되고 있는지를 경험하게 된다.

 징검다리 | 더 깊은 질문(토론), 용어설명, 원문읽기, 지식인 관계도, 연보, 참고문헌을 통해 지식인마을을 방문하며 얻은 것들을 정리해보고 한 단계 높은 수준의 지식으로 발전시켜보자. 여러분에게 다른 지식인들을 방문하고픈 마음이 생길 것이다.

이 시리즈에서 저자들이 펼쳐놓은 지식의 지형도는 대략적일 뿐이다. 세부적인 그림은 여러분의 펜을 기다리고 있다. 큰길과 건물들은 대체로 고정돼 있다 할지라도, 샛길과 지름길, 그리고 새로운 길은 독자 여러분이 놓아야 할 것이다.

여러분이 〈지식인마을〉의 미래다!

지식여행가이드 장대익 (서울대 과학철학박사)

Contents 이 책의 내용

Prologue 1 지식여행을 떠나며 · 4
Prologue 2 이 책을 읽기 전에 · 6

초대
중국 전통 과학사상으로의 초대 · 12

만남

1. 중국 전통 과학사상에 들어가기 앞서 · 26
   질적인 경험과 양적인 경험
   중세 서양과 동양 전통의 '질적인 세계관'의 차이점
   동양에서 서양처럼 과학혁명이 없었던 이유

2. 중국 전통 과학의 핵심범주와 원리 · 42
   보이지 않지만 작용하는 힘, 기氣 | 변화를 이끄는 두 힘, 음陰과 양陽
   분류와 조직의 원리, 오행五行

3. 《회남자》하늘, 땅 그리고 시간에 대한 이해 · 75
   우주발생론과 유기체적 세계관의 완성 | 하늘의 문자 풀어내기
   신토불이의 인문지리학
   시간의 명령을 따르는 방법과 수비학의 전통

4. 《황제내경》인간에 대한 이해 · 112
   동양의학의 탄생과 특징 | 수리학적 상상력과 기의 흐름
   오행의 흐름과 정신의 위치 | 마음과 몸의 상관관계

5. 동양 과학사상의 체계화와 동요 · 146
   유기체적 자연관을 위한 형이상학 | 유기체적 자연관의 동요와 해체

Chapter 3 대화

한의사와 양의사, 한판 승부 · 170

Chapter 4 이슈

동양사상에 눈을 돌린 서양과학, 대체물을 찾았는가? · 184
유기체적 자연관에서 자연과학적 진리 탐구가 가능할까? · 196
과학의 혁명성과 철학의 소임 · 205

Epilogue **1** 지식인 지도 · 214   **2** 지식인 연보 · 216
          3 키워드 찾기 · 219   **4** 깊이 읽기 · 222
          5 찾아보기 · 225

1st. Street

바늘로 찌른 손가락 끝에서 검은 피가 한두 방울 흘러나오면, 신기하게도 불편하던 속이 시원해지고 식은 땀도 가시게 된다. 도대체 할머니는 무슨 일을 하신 것일까? 단지 손가락 끝을 바늘로 찔렀을 뿐인데 뱃속이 편안해지다니……. 할머니는 오래 전에 돌아가셨고, 나도 어느새 중년에 가까운 나이가 되어가고 있다.

　지금도 여전히 가끔 '체해서' 고생할 때가 있다. 더구나 최근에는 밀렸던 원고들을 쓰느라 컴퓨터 앞에 오랜 시간 앉아 있어서인지, 자주 '체하는' 경험을 하게 된다. 그럴 때면 어쩔 수 없이 집 근처 병원을 찾아가야만 했다. 어느 날 의사가 내시경 검사를 해보자고 권유했다. 이틀 뒤 일찍 병원에 들러 내시경 검사를 받았다. 검사실의 의사는 내 입 속으로 내시경이 달린 호스를 꾸역꾸역 밀어넣었다. 그 느낌이 얼마나 불쾌하고 답답했던지, 생각만 해도 아찔하다. 내시경 검사가 끝나고 한참 동안 기다린 후에야 의사를 만날 수 있었다. 의사 앞에는 내시경으로 찍은 내 뱃속 사진들이 여러 장 놓여 있었다. 의사는 그 사진들을 살펴보면서 특별한 이상은 없지만 위에 상처가 약간 있으니 약을 먹어야 한다고 했다.

　집으로 돌아오는 차 안에서 돌아가신 할머니와 내 뱃속 사진을 무덤덤하게 살펴보던 담당 의사를 동시에 떠올려 보았다. 나의 상태를 살펴본 후 바늘로 내 손가락을 따셨던 할머니와 내시경 사진들을 판독하던 의사. 어쩌면 할머니가 동양의학(한의학)을 대표하던 분이었다면, 내가 만난 의사는 서양의학(양의학)을

대표하는 사람이라고 말할 수 있을 것이다. 두 사람의 치료법을 가만히 살펴보면, 흥미로운 차이점 하나를 발견하게 된다. 할머니는 나의 외적 증상들을 보시고 뱃속에 문제가 있다고 판단하셨다. 그리고 할머니는 뱃속이 아니라 나의 집게손가락을 바늘로 찌름으로써 나를 치료하셨던 것이다. 그런데 의사는 뱃속을 직접 들여다보고 사진까지 찍었다. 그리고는 위장에 문제가 있다는 것

을 발견하고, 위장의 상처를 치료하기 위해 약을 처방했다.

편작(扁鵲)의 혁명

손가락과 뱃속이 관계가 있다고 생각하고, 그런 생각에 따라 체한 나를 치료하셨던 할머니는 곧 동양의학의 정신을 상징하고 있다. 반면 뱃병은 뱃속의 문제라 생각하고, 내 뱃속에 내시경을 집어넣었던 의사는 서양의학의 정신을 상징한다. 서양의학은 나의 신체를 일종의 '기계'로 이해한다. 마치 자동차가 여러 가지 부품들로 구성되고, 그것들 각각이 제 기능을 발휘해야 움직일 수 있는 것처럼, 우리 신체도 여러 가지 장기들로 구성되어 있고, 그것들 각각이 기능을 다해야 건강한 삶을 영위할 수 있다고 보는 것이다. 따라서 지금 어떤 부품에 문제가 있고 그 문제를 어떤 방법으로 해결할 수 있는지를 확인하는 것이 중요하다. 나는 위장이라는 부품에 문제가 생겼고 바로 이 문제만 해결하면 나의 신체는 정상적으로 기능하게 될 것이다. 그러나 동양의학은 우리의 신체를 기계가 아닌 살아 있는 '유기체'로 다룬다. 유기체란 어느 한 부분의 변화가 전체의 변화를 가져올 수 있고, 전체의 변화는 모든 부분의 변화를 낳을 수 있는 통일체를 말하는 것이다. 그래서 할머니는 뱃속의 불변함을 손가락에 피를 냄으로써 치료했던 것이다.

이렇게 인간의 신체를 하나의 유기체로 파악하는 동양의학은 편작(扁鵲)이라는 전국시대의 유명한 명의(名醫)가 이룬 거의 혁명에 가까운 결단으로부터 탄생한 것이다. 『사기(史記)』에는 편작의 의술에 대한 매우 흥미진진한 이야기가 등장한다.

> 유부(兪跗)는 …… 피부를 가르고 살을 열어 막힌 맥(脈)을 통하게 하고 끊어진 힘줄을 잇고, 척수와 뇌수를 누르고 고황과 횡격막을 바로잡고, 장과 위를 씻어내고 오장을 씻어내어 정기(精氣)를 다스리고, 신체를 바꾸어 놓았다고 한다. 그러자 편작이 말했다. "유부의 의술은 가느다란 관을 통해서 하늘을 보고 좁은 틈으로 무늬를 보는 것과 같은 것이다. …… 양에 관한 증상을 관찰하면 음에 관한 증상을 미루어 알 수 있고, 음에 관한 증상을 진찰하면 양에 관한 증상을 알 수 있다. 몸속의 병은 반드시 겉으로 드러나는 것이니 굳이 천리 먼 곳까지 가서 진찰하지 않아도 병을 진단할 수 있다."
>
> 『사기(史記)』「편작창공열전(扁鵲倉公列傳)」

사기

과거의 전설적인 시대에서부터 한초(漢初)에 이르기까지의 중요한 사건을 기록한 사마천의 역사서. 춘추전국시대의 사회·정치·경제·사상을 알려주는 가장 기초적인 자료라고 할 수 있다. 역대 중국 역사서의 기본이 된 기전체의 효시가 된 책. 사마천은 흉노와의 전쟁에서 항복한 친구 이릉(李陵)을 무제(武帝) 앞에서 변호하다가 궁형(宮刑, 성기가 잘리는 형벌)을 받게 된다. 이런 모욕을 당하면서도 그가 자살하지 않은 것은 자신이 집필하던 역사서 『사기』를 완성해야 한다는 소명의식 때문이었다고 한다.

배를 절개해서 내장들을 직접 살펴보고 이것들을 치유하려는 유부(兪跗)라는 의사는 서양의학의 해부학적 사유와 매우 유사한 입장을 가지고 있었다. 그러나 이런 해부학적 치료법에 대해 편작은 단호하게 반대 입장을 피력한다. 몸속의 질병은 분명히 겉으로 드러나기 때문에 직접 몸속을 관찰할 필요가 전혀 없다는 말이다. 여기서 중요한 것은 편작으로부터 시작되는 동양의학이 단순히 동양이란 환경에서 자생적으로 발전해온 의술이 아니라, 하나의 혁명이나 단절로서 가능했다는 점이다. 편작 앞에는 이미 '유부'로 대표되는 '해부학적 의학'이 있었던 것이다. 편작의 새로운 의학이 해부학적 사유를 부정하면서 출현했다는 것은 중요하다. 그것은 동양의학이 해부학에 기초를 두고 있는 서양의학과 대립할 수밖에 없는 성격을 태생적으로 가질 수밖에 없다는 점을 예견하고 있기 때문이다.

동양의학, 즉 한의학은 서양의 과학문명이 확실한 주도권을 잡고 있는 이 시대에 유일하게 남은 동양 전통 과학이라고 말할 수 있다. 동양 전통 과학에 속했던 점성술, 풍수지리설, 사주팔자, 작명법 등은 이제 이미 하나의 전근대적인 미신이나 과학적 근거가 없는 일종의 기술(技術)로 낮게 평가된다. 그러나 한의학만은 아직도 엄연한 학문으로서 대학 학제에 편입되어 있다. 대학 학제에 속하는 거의 대부분의 학문들이 서양문명에 기원을 두고 있는 상황을 고려해볼 때, 한의학과가 대학에 남아 있다는 사실은 놀라운 일이다. 동양 전통 과학사상은 결코 소멸된 것이 아니다. 오히려 우리는 아직도 동양 전통 과학사상과 떼려야 뗄 수 없는 밀접한 관련을 맺고 살아간다고 보아야 할 것이다.

20세기 후반에서부터 미국을 중심으로 서양에서는 '기계론적 자연관'을 대체할 수 있는 새로운 세계관을 모색하려는 움직임이 있었다. 그것이 바로 유명한 '신과학운동(New Age Science Movement)'이다. 양자역학(Quantum mechanics)을 중심으로 하는 현대 물리학의 성과들 중에는 전통적인 '기계론적 자연관'으로는 해석할 수 없는 것이 많았다. 더군다나 자연을 일종의 기계로 보는 근대 자연과학의 과학정신이, 예상치도 못한 엄청난 자연파괴를 수반하게 되었다는 점도 신과학운동이 출현하게 된 원동력 중 하나라고 할 수 있을 것이다. 기계론적 자연관을 극복하기 위해서 신과학운동이 제안하는 세계관은 '유기체적 자연관'이었다. 흥미로운 것은 신과학운동이 유기체적 자연관을 제안하면서, 동양 전통의 과학사상을 긍정적으로 수용하고 있다는 점이다. 그렇다면 이런 새로운 사유 경향은 과연 정당한 것일까? 아쉽게도 이런 당연한 질문에 답하기에는 동양 전통 과학사상에 대한 우리의 이해가 너무나 부족하다.

신과학운동이 제안하듯이 동양 전통 과학사상은 인류문명의 대안이 될 수 있을까? 서양의 과학사상과 마찬가지로 동등한 과학이라고 볼 수 있을까? 왜 한의학만 살아남고 다른 동양 전통의 과학 분과들은 미신으로 간주되고 있는 것일까? 도대체 과학이란 무엇인가? 보편적이고 객관적이어야 할 과학에 동양과 서양의 차이가 있다는 점을 인정할 수 있을까? 우리는 이런 무수한 의문들을 가지고 동양 전통 과학사상으로의 여행을 떠나려고 한다. 여행을 성공적으로 마친다면, 우리는 동양과학과 서양과학 사이의 차이점을 명확히 이해할 수 있을 것이고, 더 나아가 두 전통의 과학이 서로 간에 대화가 가능한지에 대해서도 나름대로의 답을 얻을 수 있을 것이다.

동양 과학의 주춧돌, 『회남자』와 『황제내경』

이 책의 목적은 중국 전통 과학사상의 핵심을 가장 간결하고 알기 쉽게 현대 독자들에게 전달하는 데 있다. 이런 목적을 훌륭하게 성취하기 위해, 『회남자˙(淮南子)』와 『황제내경˙(黃帝內經)』이라는 두 권의 책을 선택했다. 왜 하필이면 이 책들을 골랐을까? 이 두 권의 책은 중국 전통 과학사상의 원형이 갖추어졌던 시기인 중국 한(漢)나라(BC 206~AD 220) 때의 과학정신과 수준을 거의 완벽하게 반영하고 있기 때문이다. 아쉬운 것은 이 두 책의 저자(들)가 누구인지 명확하지 않다는 것이다. 이것은 아마 당시 과학자들의 열등한 지위와 관련되어 있는 듯하다. 과거 중국사회에서 왕이나 고관대작이 아니라면 역사에 이름을 남긴다는 것은 불가능에 가까운 일이었기 때문이다.

『회남자』는 고대 중국인들이 어떻게 인간을 둘러싸고 있는 자연, 하늘, 땅, 그리고 시간을 이해하고 있었는지를 잘 보여준다. 이 책을 통해 우리는 고대 중국 과학사상의 핵심인 '음양오행론'이 구체적으로 어떻게 적

🔍 회 남자

『회남자』는 회남왕(淮南王) 유안(劉安, BC 179~122)의 저작이라고 알려져 있지만, 사실 유안 곁에 모여든 여러 학자들이 지은 것이다. 이 책은 서한시대에 만들어졌는데 일종의 백과사전 같은 성격이 있다. 현실적 처세 방법, 정치술, 자연과학, 민속학, 군사학 등 다양한 주제를 다루었다. 동양 전통 과학사상에 관심이 있는 사람들은 이 책에서 서한시대의 자연과학 발전 양상에 대한 정보를 많이 얻을 수 있다.

용되고 있는지를 확인할 수 있을 것이다. 반면『황제내경』은 현재까지도 한의학과에서 핵심 텍스트로 쓰일 정도로 권위 있는 한의학 책이다. 이 책은 고대 중국인들이 어떻게 인간의 몸과 정신, 그리고 질병을 이해했는지를 잘 보여주고 있다. 특히 한의학이 현재 우리 사회에서 차지하는 비중을 비추어 볼 때『황제내경』에 대한 이해는 우리에게 많은 시사점을 제공하리라 생각된다.

이렇게 한나라 때 구성된 중국 전통 과학사상은 서양의 자연과학이 수용되기 전까지 거의 2천여 년 동안 중국을 포함한 전체 동양세계를 지배했다. 동양 과학 사상은 세 가지 질적인 범주들, 즉 기(氣), 음양(陰陽), 그리고 오행(五行)이라는 범주들로 체계화되어 있다. 동양의 과학자들은 이 세 범주들로 인간과 그를 둘러싸고 있는 환경, 다시 말해 하늘[天], 땅[地], 그리고 인간[人]이라고 불리는 영역들을 설명하고 예측했던 것이다.『회남자』와『황제내경』은 바로 고대 동양인들이 각기 상이한 전통에 속해 있던 이 세 범주들을 유기적으로 결합하는 데 성공함으로써 출현한 텍스트들이다. 바로 여기에 이 두 권의 책이 지닌 중요성이 있다.

황)제내경

『황제내경』은 보통 황제(黃帝)가 지었다고 하나, 이것은 단지 이 책에 권위를 부여하기 위한 당시 사람들의 자의적인 주장일 뿐이다.『황제내경』은 전국시대에서부터 한나라 때까지 동양의학 전통을 집대성한 책이라고 보면 된다. 이 책은 크게 두 부분, 즉「소문(素問)」과「영추(靈樞)」로 이루어져 있는데, 전체 81장으로 되어 있다. 학자들은『황제내경』이 전체 81장으로 구성된 이유를 노자가 당시 지성계에서 최고의 권위를 누렸기 때문이라고 여겼다. 사실 노자의 사상이 담겨있다는『도덕경(道德經)』도 전체가 81장으로 구성되어 있다.『황제내경』1부에 해당하는「소문」은 주로 한의학을 포함한 동양 전통 과학사상의 기본적 세계관을 다루었다. 그리고 2부에 해당하는「영추」는 구체적인 임상 경험을 주로 다루었다.

『회남자』와『황제내경』을 직접 살펴보기 전에 어느 정도 워밍업이 필요하다. 두 텍스트는 서양과학에 익숙한 우리가 읽기에 너무 낯설기 때문이다. 그래서 이 책은 두 가지 예비 단계를 마련했다. 첫 번째 단계가 현대 자연과학과 구별되는 동양의 전통 과학사상의 특징을 살펴보는 것이라면, 두 번째 단계는 동양의 과학사상을 지탱하는 세 가지 핵심 범주를 이해하는 것이다.

첫 번째 예비 단계에서 우리는 '양(quantity)'와 '질(quality)'이라는 개념을 가지고 서양과 동양의 과학전통을 구별해볼 것이다. 현대 자연과학의 모태는 기본적으로 갈릴레이(Galileo Galilei, 1564~1642)로 상징되는 근대 자연과학이라고 할 수 있다. 근대 자연과학의 특징은 기본적으로 '질'보다는 '양'을 중시하는 데 있다. 반면 고대 중국인들은 세계를 양적인 관계가 아니라 질적인 것으로 이해하고 있다. 이 점에서 두 과학 전통은 확연히 구별되는, 오히려 대립할 수도 있는 전통이라고 할 수 있다. 그래서 이 부분에서는 '양'과 '질'이란 어떤 의미를 갖는 개념인지를 살펴보고, 이에 입각해서 두 전통이 어떤 차이를 가지고 있는지 설명할 것이다. 이를 통해서 독자들은 낯선 동양 전통 과학사상을 이해하는 데 많은 도움을 얻으리라고 생각된다.

두 번째 예비 단계에서 우리는 동양 과학사상을 지탱하는 세 가지 핵심 범주, 즉 '기(氣)', '음양(陰陽)', 그리고 '오행(五行)'을 살펴볼 것이다. 세 가지 범주들 모두 기본적으로 고대 중국인들의 소박한 자연경험으로부터 유래한 것이다. '기'라는 개념은 날씨나 기후와 관련되어 있는데, 특히 이 개념은 구름이 생기기 전의 일종의 유동적인 증기 상태를 가리키는 용어였다. 음양이란 개념도 어둠과 밝음에 대한 고대인들의 일상적 경험에서부터 유래한 것이다. 음이 '해가 가려져서 어두운 상태'를 의미한다면, 양은 반대로 '해가 구름이나 어둠을 뚫고 나와서 밝은 상태'를 의미한다. 마지막으로 오행은 나무〔木〕, 불〔火〕, 흙〔土〕, 쇠〔金〕, 물〔水〕을 가리키는데, 이 다섯 가지 항목들은 인간이 삶을 영위하는 데 필수불가결한 환경적 요소들을 가리키는 것이었다.

기, 음양, 오행이란 범주의 의미와 그 특징들을 살펴본 뒤, 우리는 이 범주들이 고대 중국인들의 과학적 경험에 어떻게 적용되는지를 살펴볼 것이다. 그러기 위해서 우리는 『회남자』와 『황제내경』을 꼼꼼하게 읽어보고, 이 안에 담겨 있는 동양 과학사상의 핵심을 확인할 계획이다. 먼저 『회남자』를 통해서 우리는 우주, 땅, 그리고 시간에 대한 고대 중국인들의 이해 방식이 기본적으로 '유기체적 자연관'에 따른다는 점을 이해할 수 있을 것이다. 이어서 우리는 동양의학의 보고(寶庫)라고 할 수 있으며, 아직도 한의학과에서 중요한 텍스트로 읽히고 있는 『황제내경』을 살펴볼 것이다. 의학은 인간의 신체에 대한 특정한 이해를 전제로 하고 있는 학문이다. 동양의학은 신체와 질병을 어떻게 이해하고 있을까? 그리고 어떤 방식으로 질병을 치료해왔을까? 이런 질문에 대한 답을 찾는 과정에서, 우리는 『황제내경』이 '유기체적 신체관', 더 나아가 '유기체적 심신관'을 토대로 삼고 있다는 점을 확인하게 될 것이다.

『회남자』와 『황제내경』을 통해 동양 전통 과학사상의 핵심 논리를 이해한 뒤, 우리는 마지막으로 전통 과학사상을 유기체적 형이상학으로까지 심화시킨 신유학(新儒學), 그리고 서양문물과의 만남을 통해서 이런 유기체적 형이상학을 의심하고 해체하려 했던 실학(實學)의 주장들을 살펴볼 계획이다. 신유학의 유기체적 형이상학이 어떻게 전통 과학사상으로부터 자신의 자양분을 얻었는지를 살펴보기 위해서 우리는 주자(朱子), 즉 '주 선생님'으로까지 불리며 존경을 받았던 중국 남송 시대의 주희(朱熹, 1130~1270)라는 인물의 사상을 이해해 볼 생각이다. 그리고 그가 강조했던 '이치의 탐구', 즉 '궁리(窮理)'라는 과정이 현대 자연과학의 진리 탐구와 어떻게 다른지를 설명할 예정이다. 실학은 기본적으로 신유학의 유기체적 형이상학을 공격하는 학문적 경향을 띠고 있다. 여기서 중요한 것은 실학의 이런 경향성이 근본적으로 동양 전통 과학사상의 특징이라고 할 수 있는 유기체적 자연관까지도 문제 삼을 수밖에 없었다는 점이다. 따라서 실학적 자연관을 살펴본다는 것은, 동양 전통 과학사상의 가능성과 한계를 동시에 이해하는 데 중요한 실마리를 제공해줄 것이다. 실학이 어떻게 유기체적 자연관을 문제 삼는지를 이해하기 위해, 우리는 우리나라의 대표적인 실학자 정약용(丁若鏞, 1762~1836)과 최한기(崔漢綺, 1803~1877)의 자연관을 살펴볼 계획이다. 그러면 이제부터 이 새로운 탐구의 여정을 함께 시작해 보도록 하자.

2nd. Street

지식인과의 만남

중국 전통 과학을 관통하고 있는 사상은 조화와 균형의 원리인 유기체적 자연관이다.
전체가 긴밀하게 연관되어 있다는 이 사상은 인간의 몸과 인간을
둘러싼 환경, 즉 하늘과 땅 그리고 시간을 체계적으로 설명하고 있다.
2천 년 동안 동양을 지배한 중국 전통 과학사상의 특징과 그 한계는 무엇인지 살펴본다.

1

중국 전통 과학사상에

들어가기 앞서

질적인 경험과 양적인 경험

『회남자』와 『황제내경』은 동양 전통 과학사상의 특징을 살펴볼 수 있는 가장 좋은 자료이다. 두 책을 통해 확인할 수 있는 동양 전통 과학사상의 특징들에 대해 다양한 이야기를 할 수는 있다. 그렇지만 결론적으로 말해서 그중 가장 중요한 것은 동양의 과학사상이 '질적'이라는 특성을 갖는다는 점이다. 이것이 무엇을 의미하는지 분명히 알려면, 우리는 '양'과 '질'이라는 개념에 대해 잠시 생각해보아야 한다.

'질'이라는 개념은 '양'이라는 개념과 구별되어 사용되는 것이다. 간단한 예를 하나 들어보자. 내 앞에 사과 한 개, 배 한

개, 그리고 자두 한 개가 있다고 하자. 사과의 '질'은, 배나 자두의 그것과는 차이가 난다. 따라서 만일 이 세 가지로 구별되는 질을 모두 고려하면, 우리 앞에 있는 것은 '세 개'라고 이야기할 수가 없다. 그러나 우리는 이것들을 '세 개'라고 세기도 한다. 그것은 사과, 배, 자두라는 질적인 요소를 빼버리고, 그것들을 모두 '과일'이라고 설정했을 때 가능한 것이다. 이 점에서 우리는 인간의 경험을 다음과 같이 간단히 설명할 수 있다. '질을 무시하면 양을 경험할 수 있고, 양을 무시하면 질을 경험할 수 있다'.

여기서 조금만 더 '양적 경험'과 '질적 경험'에 대해 생각해보도록 하자. 가령 능숙한 외과의사가 한 명 있다고 하자. 이렇게 되기까지 그는 수차례 외과수술을 반복했을 것이다. 더군다나 그는 의대에서 시체를 상대로 무수히 많은 해부학 실습을 경험했다. 사실 외과의사가 되기 위한 해부학 실습 자체는 의대생으로 하여금 인간의 몸에 대한 공포를 제거하는 동시에, 모든 인간의 몸은 기본적으로 동일하다는 것을 가르쳐주려는 기능을 가지고 있다고 할 수 있다.

그런데 만약 사랑하는 애인이 맹장수술을 받아야 한다면, 이 의사는 어떻게 해야 할까? 그의 아름다운 피앙세는 '애인'일까, 아니면 '환자'일까? 만약 그녀를 '애인'으로 본다면, 그는 그녀에게 능숙한 맹장수술을 시술하기 힘들 것이다. 반면 그녀를 '환자'로 본다면, 그는 이전처럼 능숙하게 수술을 집도하게 될 것이다. 자신이 애인을 '애인'으로 경험한다는 것이 바로 '질적인 경험'에 해당하고, '환자'로 경험한다는 것은 '양적인 경험'에 해당한다. 질적인 경험에서 우리에게 대상은 질적으로 구별되는 것으로, 즉 다른 것으로 바꿀 수 없는 고유한 것으로 경험된다. 반면, 양적인 경험에서 대상은 다른 것과 구별되지 않는, 즉 다른 것으로 바꿀 수 있는 것으로 경험되기 마련이다.

동양 전통 과학사상은 인간이 일상에서 경험하는 질적인 세계를 그대로 추상화해서 성립된 것이다. 예를 들면 고대 중국인에게 색깔은 오행의 논리에 따르면 핵심적인 다섯 가지 색, 즉 푸른색[靑], 붉은색[赤], 노란색[黃], 흰색[白], 검은색[黑]으로 분류된다. 그들은 이 다섯 가지 근본적 색들을 나무, 불, 흙, 쇠, 물이라는 오행의 범주에 각각 배속시킨다. 이런 설명법은 어떤 논리를 전제하는 것일까? 그것은 이 다섯 색깔이 서로 환원될 수 없는 질적인 고유성이 있다는 것을 의미한다.

여기에 붉은 장미꽃이 있다고 상상해보자. 일상 경험의 세계에서 장미의 붉은색은 붉은색일 뿐, 이것을 푸른색이나 노란색이라고는 할 수 없다. 고대 중국인의 과학적 사유의 특징은 바로 이런 일상적 경험이 제공하는 질적인 특성을 있는 그대로 받아들인다는 데 있다. 이어서 그들은 질적인 특성을 추상화하여 사물들을 분류하는 범주로 사용한 것이다. 그래서 그런지 고대 중국인이 사용하는 범주들은 이해하기 쉽다. 그들의 범주들은 모두 추상성과 구체성을 동시에 띠고 있기 때문이다.

고대 중국인들의 과학적 사유가 이처럼 인간의 구체적인 경험, 즉 질적인 경험을 강조하고 있다면, 서양 근대 자연과학의 특징은 어디에서 찾을 수 있을까? 서양 근대 자연과학의 특징은 무엇보다도 먼저 양화(量化, quantification), 즉 자연현상을 측정 가능한 양적인 관계의 법칙으로 파악하려고 했다는 데 있다. 고대 중국인의 과학사상과 명확히 비교하기 위해서 우리는 서양 근대 자연과학에서 이 다섯 색깔을 어떻게 설명하고 있는지 살펴볼 필요가 있다. 이를 통해 우리는 서양 과학에서의 '양화'가 어떤 방식으로 이루어지는지 쉽게 이해할 수 있을 것이다. 먼저 우리가 어떻게 해서 붉은 장미꽃을 붉다고 느끼는지 살펴보자.

태양빛이 장미꽃에 비치면, 장미꽃은 대부분의 빛을 흡수하지만 어느 파장대의 빛은 반사한다. 이렇게 반사된 특정한 파장대의 빛이 우리 눈에 들어오는데, 이때 우리는 그것을 붉은색으로 느낀다. 그렇다면 장미꽃이 붉은색을 가지고 있는 것이 아니라고 보아야 한다. 우리가 붉은색이라고 느끼는 것은 장미꽃이 붉은색을 띠는 빛을 반사했다는 것을 말해줄 뿐이기 때문이다. 우리가 눈으로 볼 수 있는 빛은 가시광선이라고 한다. 프리즘을 통해서 가시광선이 4,000~7,000Å(옹스트롬) 대의 파장으로 구성된다는 것을 확인할 수 있다. 파장이 7,000Å에 가까운 빛이면 붉은색을 감각하고, 파장이 4,000Å에 가까운 빛이면 푸른색을 감각한다. 결국 우리가 보고 있는 장미꽃의 붉음은 장미꽃이 지니고 있는 성질이 아니라, 붉은색 파장의 가시광선이 장미꽃에 반사되어 우리의 망막에 들어온 것뿐이다.

이처럼 고대 중국인에게 질적으로 환원 불가능한 고유성이 있는 것으로 이해된 푸른색, 붉은색, 노란색, 흰색, 검은색은, 서양 근대 자연과학에서

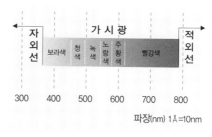

빛의 스펙트럼

는 양적으로 파장이 다른 빛으로 환원되어 설명된다. 다시 말해 이 다섯 가지 색은 겉으로는 다른 것처럼 보이지만, 기본적으로는 같은 빛이었다고 할 수 있다. 이제 이 다섯 색깔은 모두 빛의 파장이라는 함수로 표시할 수 있다. 이로부터 우리는 색깔의 방정식을 얻게 된다. 색깔의 방정식을 만들 때 결정적인 것은 바로 길이로 측정 가능한 양이라고 할 수 있는 파장이다. 이를 통해서 파장대를 양적으로 줄이고 늘림으로써 다양한 종류의 색깔을 모두 만들 수 있게 된다. 이 점이 바로 서양의 근대 자연과학이 중국 고대의 과학적 사유와 결정적으로 달라지는 대목이다. 고대 중국인들이 단지 경험적으로 주어진 것들을 설명하는 데 그치는 반면, 근대 서양인들은 그것의 양적인 법칙을 파악함으로써, 예측 가능한 방식으로 조작할 수 있는 가능성을 가지게 되었기 때문이다.

중세 서양과 동양 전통의 '질적인 세계관'의 차이점

서양은 17~18세기에 동양과 달리 극적인 세계관의 변화, 즉 '과학혁명'을 경험한다. 과학혁명은 유럽의 세계관이 중세의 '질적인 자연관'에서부터 근대의 '양적인 자연관'으로 변하는 것이라고 규정할 수 있다. 여기서 우리는 중세의 '질적인 자연관'에 대해 간단히 살펴볼 필요가 있다. 이것은 단순한 지적 호기심만의 문제가 아니다. 동양의 전통 과학사상의 성격과 특성을 더 명확히 규정하기 위해서, 우리는 그것을 서양 중세의 과학

전통과 비교해봐야 하기 때문이다.

중세 서양은 아리스토텔레스(Aristoteles, BC 384~322)의 사상이 지배하고 있었다. 그의 세계관에는 두 가지 특징이 있다. 첫째로 아리스토텔레스에 따르면 우주 전체에 일관되게 적용할 수 있는 통일된 법칙은 존재하지 않는다. 이것은 그가 우주 공간을 '질적으로' 보았다는 것을 말해준다. 그는 지상을 지배하는 질서가 불완전한 데 비해, 지상에서부터 멀리 떨어진 천체의 질서는 완벽하다고 생각했다. 그가 이런 생각을 하게 된 이유는, 지상에서는 변화, 생성, 소멸이 그치지 않는 반면 우주에는 변화가 전혀 없다는 소박한 경험 때문이었다. 이어서 그는 불완전한 지상에서는 불완전한 직선운동이 지배하고, 천체에서는 완전한 운동인 원운동이 지배한다고 주장한다.

둘째로 아리스토텔레스는 지상에서의 운동이 사물의 속성에 따라 달라지고 그 결과 운동의 법칙도 사물에 따라 달라진다고 생각했다. 이 점 역시 그가 운동을 사물에 따라 달라지는 '질적인 것'으로 보고 있다는 증거라고 할 수 있다. 그 예로 흙은 항상 하강하려고 하고, 불은 항상 상승하려고 한다는 점을 들 수 있다. 결국 지상의 모든 운동은 사물의 속성에 따르므로, '양적인 것'으로 이해될 수 없는 것이다. 다시 말해 모든 운동은 질적으로 서로 다른 것일 수밖에 없다. 그래서 그는 지상의 현상을 설명할 때, 수학을 사용해서는 안 된다고 주장했다. 아리스토텔레스는 경험으로 확인되는 현상의 질적인 차이를 가장 잘 표현하는 것은 일상생활의 언어라고 생각했다. 물론 이렇게 생각했다고 해서 아리스토텔레스가 수학을 부정했다고 판단해서는 안 된다. 그는 수학 언어의 경우, 질서가 완벽한 천체 현상을 기술하는 데만 사용할 수 있다고 했기 때문이다.

그렇다면 고대 중국인들의 세계관은 어떠했을까? 이 점을 살펴보기 위해서 우리는 『동서문명과 자연과학』의 저자 김필년의 이야기를 음미해 볼 필요가 있다.

> 우주 내의 모든 사물이 유기적으로 상응하고 유기적으로 관련되어 있다고 믿는 중국의 세계관이 원시적(신화적) 세계관과 훨씬 더 가깝다. 중국적 세계관에는 동질적인 시공관이 존재하지 않았는데, 예를 들면 각 방위와 각 계절은 오행 중의 하나와 관련되어 거기에 해당하는 본질을 구유하는 것으로[예컨대 춘(春)과 동(東)은 오행 중 목(木)에, 하(夏)와 남(南)은 화(火)에 관련지어졌다] 믿었다. 이런 비동질적인 시공관은 운수 좋은 시간과 나쁜 장소, 성스러운 공간과 세속적인 공간 등을 구분하면서 계절과 장소에 따라 각각 다른 의미를 부여했던 원시적 사유와 밀접한 관련을 맺고 있다.
>
> 『동서문명과 자연과학』

김필년의 지적이 옳다면 고대 중국인들은 비동질적으로, 즉 질적으로 공간을 이해하고 있고, 나아가 이런 시공간의 개념은 그들이 유기체적 세계관을 가지고 있었기 때문이다. 나중에 자세히 다룰 예정인 『회남자』를 보면 고대 중국인의 공간과 시간에 대한 이해도 아리스토텔레스와 마찬가지로 기본적으로 '질적'이라는 것을 알 수 있다. 그들은 천상이나 지상을 다섯, 즉 동서남북 네 방향의 지역과 중앙의 지역으로 나누었다. 이런 분류는 단순한 편의에 따라 나뉘는 것이 아니다. 그 나누어진 다섯 지역들이 질적으로 서로 다른 지역이라고 생각되었기 때문이다. 따라서 이 다섯 지역 각각에 통용되는 법칙이나 질서는 서로 교환할 수 없는 것이었다. 모든 공간에 일관되게 적용할 수 있는 동일한 법칙을 상정하지 않았던 셈이다. 이 점에서 볼 때 고대 중국인의 생각은 중세 서양인의 생각과 상당히 비슷했다고 할 수 있다. 한편 우리는 중세 서양 과학사상에서는 크게 부각되지 않지만, 동양 전통 과학사상에서 강조된 한 가지 특성을 다시 확인하게 된다. 그것이 바로 '유기체적 세계관'이라는 관점이다.

중세 서양인에 따르면 천상이나 지상은 질적으로 단순히 다른 공간이고, 나아가 이 지상에 존재하는 많은 사물도 질적으로 다른 속성을 갖고 있는 것들이었다. 그렇다면 질적으로 다른 두 공간은 서로 어떤 관계를 맺을 수 있을까? 또는 질적으로 속성이 다른 사물은 어떤 관계가 있을까? 중세 서양인은 이런 질문을 던지지 않았다. 그러나 이와 달리 고대 중국인은 이런 질문에 대한 확고한 대답을 이미 가지고 있었다. 그것은 바로 질적으로 다양한 존재자들이, 전체 세계라는 거대한 유기체의 한 부분으로 모두 참여한다는 사실이다.

몸에서 확인되는 것처럼 심장, 폐, 지라, 간, 다리, 팔, 이, 코 등은 분명히 서로 질적으로 구분되는 것들이다. 그러나 이 많은 부분은 하나의 신체에 유기적으로 통합되어 있다. 이처럼 유기체란 기본적으로 '질적으로 서로 다른 부분의 통일체'로 규정될 수 있다. 바로 여기에 기(氣)라는 범주가 『회남자』와 『황제내경』

에서 부각된 이유가 있다. 기라는 범주는 음양을 통일시키고, 오행을 통일시키는 근본적인 범주였기 때문이다. 이 점에서 동양 전통 과학사상이 함축하고 있는 '유기체적 세계관'을 최종적으로 지탱하는 범주는 결국 기였다고 할 수 있다. 지금까지의 논의를 통해 우리는 동양 과학사상의 몇 가지 특징을 확인할 수 있었다. 우선 동양 과학사상은 중세 서양과 마찬가지로 질적 자연관을 전제하고 있다. 그러나 중세 서양의 과학사상과는 달리 동양 과학사상은 자신의 질적 자연관을 유기체적 세계관으로 정당화하고 있다. 바로 이 점이 근대 자연과학이 낯설어 하는 부분이다.

동양에서 서양처럼 과학혁명이 없었던 이유

갈릴레이로 대표되는 근대 자연과학은 동양 전통 과학사상과는 달리 철저하게 질적인 경험을 무시하면서 나타났다. 갈릴레이는 우리가 경험하는 것을 두 가지로 나누었다. 하나는 '수학적으로 다룰 수 있는 것'이고, 다른 하나는 '수학적으로 다룰 수 없는 것'이다. 전자가 바로 그가 '제1성질'이라고 불렀던 크기, 모양, 양, 운동 등의 성질과 관련된 것이고, 후자는 '제2성질'에 해당하는 향기, 맛, 색깔 등의 성질과 관련된 것이다. 그는 '제1성질', 즉 수학적으로 다룰 수 있는 것만이 과학을 주관적 경험이 아닌 객관적 학문으로 만들어줄 수 있다고 생각했다. 물론 그렇다고 해서 근대 자연과학의 전통에서 '제2성질'이 철저하게 부정되는 것은 아니다. 단지 이 전통에 따르면 '제2성질'은 그 자체로 의미를 지니지 않고 단지 '제1성질'을 통해서만 설명되는 것이다. 마치 장미꽃의 붉음은 단순히 파장이라는 양으로만 설명되듯이 말이다.

이렇듯 서양의 근대 자연과학은 인간의 양적인 경험에 주목한다. 따라서 이 전통은 이를 통해 자연현상을 수학적으로 일반화하려는, 즉 양화하려는 경향을 띠게 되었다. 이와 달리 동양 전통 과학사상은 음양오행론이 보여주는 것처럼

인간의 질적 경험을 직접 일반화하려는 경향이 강했다. 따라서 그들에게는 '제1성질'에 대한 진지한 성찰이 결여되어 있다. 이 것은 결과적으로 자연에 대한 양적인 조작 가능성을 어렵게 만들었다. 따라서 고대 중국인들의 과학은 '이론' 수준이 아닌 '기술' 수준에 머물게 된 것이다. 바로 이 점이 기원전 1세기에서부터 서기 17세기까지, 최고의 과학기술을 가지고 있었으면서도 중국에서 서양과 같은 과학혁명이 일어나지 않은 중요한 이유다.

『회남자』와 『황제내경』이 등장한 중국 한나라 때만 해도, 중국에서는 종이, 나침반, 혼천의(渾天儀) 등이 발명되는 놀라운 기술적 성취가 있었으며, 『구장산술(九章算術)』이 상징하는 것처럼 실용적 수학기술도 발전했다. 그러나 이런 기술적 발전이 단지 한나라 때에만 한정된 것은 아니었다. 서양에서 과학혁명이 있기

전인 17세기까지 중국의 과학기술은 질이나 양에서 세계 최고 수준을 유지했기 때문이다.

문제는 이렇게 다방면에서 비약적으로 진행된 기술적 발전이 있었는데도 이런 기술을 메타적으로 묶어 줄 수 있는 과학적 세계관이 그 전보다 진보된 형태로 등장하지 않았다는 점이다. 음양오행론, 즉 '질적이면서 유기체적인 세계관'이 한나라 이후에도 과학과 기술을 지배하는 유일하고 절대적인 지위를 계속 행사했기 때문이다. 이 점에서 우리는 현대 프랑스의 중요한 분자생물학자 프랑수아 자코브(François Jacob, 1920~)의 다음과 같은 말을 음미

중국 한나라 시대의 발명품들

종이는 환관이던 채륜(蔡倫)에 의해 발명되었다. AD 100년 이전까지만 해도 대나무를 이용한 죽간(竹簡)이나 나무로 만든 목간(木簡) 또는 비단 따위를 종이 대신 사용하였는데, 105년경에 종이가 사용되면서, 학문이 폭넓게 대중화·일반화되는 계기를 맞이하였다. 서양에서는 1천 년 뒤에나 종이가 전해졌다는 사실만 보더라도, 중국 종이 발명의 기술적 성취는 매우 놀라운 일이었다.

나침반 역시 한나라 때 만들어졌다. 사실 전국시대에도 나침반처럼 방향을 알려주는 도구가 있었지만, 오늘날 사용하는 것처럼 자석을 이용하여 방향을 알려주는 나침반은 한나라 때 처음 만들어졌다.

혼천의는 한나라 천문학자인 장형(張衡)이 만든 천문 관측 장치이다. 이것은 지평선과 그것에 직각으로 교차하는 자오선, 하늘의 적도(赤道)와 황도(黃道) 등을 나타내는 눈금을 달리하여 각각의 원환을 한 곳에 짜 맞춘 것이다. 천문을 관측할 때 적도가 표시되어 있는 적도환(赤道環)과 황도가 표시되어 있는 황도환(黃道環)을 회전시켜서 천체의 위치나 별의 운행을 관측했다고 전해진다.

해볼 필요가 있다.

신화적 세계관이나 과학적 세계관을 논할 필요도 없이 인간이
형성하는 세계관은 항상 그의 상상력의 결과라고 할 수 있다.
흔히 생각하는 것과는 달리 과학적 과정이란 단지 관찰과 자
료 수집 그리고 그것들에서부터 이론을 도출해냄으로써 성립
되는 것이 아니기 때문이다. …… 어떤 의미 있는 관찰을 하기
전에 무엇이 관찰되어야 할 것인지에 대한 사상과 무엇이 가
능한지에 대한 선입견을 가지는 것이 필요하다. 과학적 진보
는 종종 지금까지 보지 못한 사물의 새로운 측면을 발견함으
로써 이루어진다. 그것은 어떤 새로운 도구를 사용한 결과라
기보다는 대상을 새로운 각도에서 바라본 결과라고 할 수 있
다. 새롭게 본다는 것은 '실체란 무엇일까?' 라는 질문을 던질
수 있는 어떤 사상에 필연적으로 이끌린다는 것을 의미한다.
…… 과학적 관점이란 항상 알려지지 않은 것, 즉 사람들이 논
리적이거나 실험적인 이유에서 믿을 수 있는 것을 초월하는
그 무엇에 대한 어떤 표상을 포함하는 것이다.

『가능한 것과 현실적인 것 The Possible and the Actual』

자코브의 지적이 옳다면, 동양 역사에는 한나라 때 체계화된
'질적이면서 유기체적인 세계관' 에 대한 자기 극복, 즉 인식론
적 단절이 그동안 전혀 없었다고 할 수 있다. 분명 어느 수준까
지는 기술과 발견을 추동하는 음양오행론의 이론적 역할이 자코
브의 지적처럼 과학적 상상력으로 기능할 수는 있었을 것이다.

그러나 문제는 음양오행론이라는 '유기체적 세계관'이 한나라 이후 2천여 년 동안 별다른 동요 없이 계속 지속되어 왔다는 사실이다. 이것은 결과적으로 2천여 년 동안 동양인들이 새로운 각도에서 대상을 바라볼 수 없었다는 것을 말해주며, 근본적인 변화를 단 한 번도 겪지 못했다는 것을 말해준다.

이것은 동양의 전통 과학사상이 상당히 정합적이고 타당한 체계를 갖추고 있었다는 것을 말해주는 것일까? 아쉽게도 이 질문에 대한 답은 상당히 부정적이다. 이 점에서 우리는 동양의 전통 과학사상이 기본적으로 '실험'을 통한 반증가능성(falsifiability), 즉 실험을 통해서 반박할 수 있는 가능성 자체가 결여되어 있었다는 점에 주목할 필요가 있다. 결국 동양 과학사상은 '실험'하거나 '조작'하기보다는 오히려 '설명'하는 데 치우쳐 있었다고 할 수 있다. 여기서 카를 포퍼(Karl Popper, 1902~1994)의 다음 이야기를 읽어보도록 하자.

나는 과학(science)과 유사과학(pseudo-science)을 구별하고 싶었다. 그런데 나는 과학도 가끔은 오류를 범하며 유사과학도 가끔씩은 참일 수 있다는 사실을 잘 알고 있었다. 물론 나는 자신이 씨름하고 있던 문제에 대해 가장 널리 받아들여지고 있던 답이, 과학은 유사과학이나 혹은 형이상학으로부터 경험적인 방법으로 구별될 수 있다는 것도 알고 있다. 이때 경험적인(empirical) 방법이란 관찰이나 실험으로부터 출발하는, 기본적으로 귀납적인 것을 의미한다. 하지만 나는 이 대답에 만족할 수 없었다. 오히려 나는 진정한 경험적인 방법을 비경험

적인(non-empirical) 방법 혹은 유사경험적인(pseudo-empirical)
방법으로부터 어떻게 구별할 수 있는 것인지를 문제로 삼았다.
여기서 유사경험적인 방법이란 얼핏 보면 관찰과 실험에 호소
하는 것처럼 보이지만 실제로는 과학의 기준에 도달하지 못하
는 방법을 말한다. 유사과학적 방법을 사용하는 학문으로는 천
궁도나 개인사에 대한 관찰에 기반한 엄청난 양의 경험적 증거
를 활용하고 있는 점성술을 들 수 있다.

『추측과 논박 Conjectures and Refutations』

동양 전통 과학사상의 성과물을 보았다면, 포퍼는 그것을 '유
사과학'이라고 불렀을 것이다. 서양
에서 아직도 유행하고 있는 점성술처
럼, 동양 전통 과학사상은 경험적 데
이터들을 부정하지는 않는다. 그러나
동양 과학사상이 제안하는 이론은 실
험을 통해 반증될 가능성을 애초에
차단하고 있었다. 이 점에서 우리는
왜 동양 과학사상이 '유사과학'을 넘
어서 '형이상학'에까지 이르게 되었
는지를 어렵지 않게 추측할 수 있다.
아직도 동양 전통 과학사상을 따르고
있는 유사과학들이 그 영향력을 잃지
않고 있는 이유도 바로 여기에 있다.
부모의 묫자리를 잘 쓰면 후손이 영

카를 포퍼

포퍼는 비엔나 태생으로 나치
가 집권할 때 오스트리아를 떠나
뉴질랜드를 거쳐 영국에 정착한
다. 그는 주로 자연과학에 대한
철학적 성찰로 유명하지만, 인간
과학에 대해서 많은 저술들을 남
겼다. 그는 과학과 비과학을 구분
하는 데 몰두했다. 그에 따르면
과학이론의 특성은 검증 가능성
에 있는 것이 아니라 반증가능성,
즉 그 이론의 오류를 증명할 수
있는 가능성에 있다. 포퍼는 이런
자신의 과학철학적 통찰을 사회
와 역사에도 적용한다. 반증가능
성을 가진 사회는 '열린 사회'이
고, 그렇지 않다면 그것은 '닫힌
사회', 즉 전체주의적이고 종교적
인 사회라는 것이다. 그의 대표작
으로는 『과학적 발견의 논리
(1934)』, 『열린 사회와 그 적들
(1945)』, 『추측과 반박(1953)』 등이
있다.

화를 누린다는 풍수지리설, 길일(吉日)을 골라서 결혼해야 부부가 행복하다거나, 사주팔자가 맞지 않으면 헤어져야 한다는 점쟁이들의 이론 등등은 도대체 반증이 불가능한 것들이다. 자, 그럼 이제 직접 동양 전통 과학사상의 토대라고 할 수 있는 핵심 범주들, 즉 기(氣), 음양(陰陽), 오행(五行)이 어떤 의미를 지니고 있는지 살펴보도록 하자.

2

중국 전통 과학의
핵심 범주와 원리

보이지 않지만 작용하는 힘, 기(氣)

모든 학문에는 그 학문만의 고유한 개념들이 있기 마련이다. 어떤 책에 속력, 가속도, 힘, 에너지 등의 개념들이 등장하면, 이 책은 십중팔구 물리학에 관련된 것이다. 물리학은 근대 이후 서양에서 비약적으로 발전했던 자연과학의 꽃이자, 근대과학 정신의 특징을 가장 잘 보여주는 과학 분과이다. 그렇다면 물리학에 등장하는 많은 개념들 중 가장 기본적인 개념은 과연 무엇일까? 우리가 지금 묻고 있는 것은, 만약 그것이 없다면 다른 중요한 물리학적 개념들 자체가 성립할 수 없는, 가장 기초적이고 근본적인 개념이 무엇이냐는 것이다. 그것은 바로 질량(mass), 시간

(time), 그리고 거리(length)다.

물리학에서는 속력이 〔거리/시간〕로, 가속도는 〔거리/시간²〕로 표기되며, 힘은 〔질량×(거리/시간²)〕로 표기된다. 여기서 중요한 것은 질량, 시간, 그리고 거리가 객관적으로 측정 가능하다는 점이다. 다시 말해 질량, 시간, 거리는 관찰자가 누구냐에 상관없이 항상 객관적으로 측정 가능한 수치로 표기될 수 있다는 것이다. 그러나 물리학 분야만 질량, 시간, 거리를 핵심적인 범주로 가지고 있는 것은 아니다. 물리학 이외의 다른 과학 분야도 마찬가지로 질량, 시간, 거리라는 기본적인 세 범주를 토대로 이루어져 있다.

그렇다면 서양 과학이 들어오기 이전, 중국을 포함한 동양 전통 과학 사유의 핵심적 범주들은 무엇이었을까? 그것은 바로 너무나도 유명한 '기(氣)', '음양(陰陽)', 그리고 '오행(五行)' 등이다. 동양 전통과학에서는 이 세 가지 기본 범주를 가지고 모든 자연현상을 설명하거나 예측했다. 이 세 가지 범주는 제각기 발전하다가 동양 전통 과학사상이 완성되었던 시대인 서한(西漢)왕조(BC 206~AD 9)에 이르러서 상호 밀접한 관련이 있는 개념들로 결합하게 된다. 그렇다면 이 세 가지 범주들은 서한왕조 이전, 즉 춘추전국(春秋戰國)시대(BC 722~221)에는 과연 어떤 의미로 사용되었는지 먼저 알아야 한다. 우선 우리가 먼저 살펴볼 것은 바로 '기(氣)'라는 개념이다.

서한시대 이전 '기'라는 개념이 구체적으로 어떤 의미를 가지고 사용되었는지를 알아보자. 은(殷)나라와 주(周)나라 시대의 갑골문자나 금문(金文)을 살펴보면 '기'라는 글자는 아른거리는

기(氣)에 해당하는 갑골문과 금문의 글자		
은주(殷周)	二 갑골문	二 갑골문
	『은허서계전편(殷墟書契前編)』	『은허문자갑편(殷墟文字甲編)』
서주(西周)	三 금문 『대풍궤(大豊簋)』	
동주(東周)	二 금문 『원자맹강호(洹子孟姜壺)』	二 금문 『제후호(齊侯壺)』
『설문해자』	气	

아지랑이나 피어오르는 구름을 형상화한 것이다. 형상화라는 과
정은 기본적으로 어떤 모양을 먼저 보았다는 것을 전제한다. 그
래서 은나라와 주나라 시대 사람들은 눈으로 볼 수 있기도 하면
서 동시에 구체적 사물들처럼 정확히 볼 수는 없는 아지랑이나
구름의 모양을 통해 기를 형상화한 것이다. 우리가 아직도 쓰고
있는 '증기(蒸氣)'라는 단어가 이런 정황을 잘 설명해줄 수 있을
것이다. 무엇인가 올라오는 느낌이 들지만 정확한 모양을 띠지
않고 있는 유동적인 증기는, 봄날 땅에서 올라오는 아지랑이나
하늘에서 뭉개뭉개 형성되는 구름의 모양과 매우 비슷하다. 이
처럼 고대 중국에서 '기'라는 개념은 기본적으로 일기나 기후의
변화와 관련된 경험으로부터 왔다고 볼 수 있다.

　기에 대한 가장 이른 시기의 자료들 가운데도 기를 일기나 기
후와 관련된 것으로 설명하는 것이 있다.

　　하늘에는 여섯 가지 기(氣)가 있다. …… 여섯 가지 기는 음
　　(陰), 양(陽), 풍(風), 우(雨), 회(晦), 명(明)이다.

　　　　　　　　　　　『춘추좌전(春秋左傳)』「소공(昭公)·원년(元年)」

춘 추좌전

공자가 편수한 것으로 알려진 춘추시대 노나라의 역사서 『춘추』에 역사가 좌구명이 해설을 단 주석서. 춘추시대의 인물 및 사건을 정확히 기록해 제자백가에 대한 이해의 출발점이 되고 있을 뿐만 아니라 중국을 비롯한 동양의 사상을 이해하기 위해 반드시 참고해야만 하는 소중한 자료다.

『춘추좌전』은 마치 여섯 가지로 구분되는 기가 있다고 설명하는 것처럼 보인다. 그러나 이 여섯 가지 기들은 세 쌍으로 묶을 수 있는데, 음(陰)과 양(陽), 풍(風)과 우(雨), 그리고 회(晦)와 명(明)이 바로 그것이다. 이 중 음(陰)은 구름이 생겨서 어두워진 것을 가리킨다는 점에서 '어둠'을 뜻하는 회(晦)와 연결되는 반면 양(陽)은 구름이 걷혀 밝아진 것을 가리킨다는 점에서 '밝음'을 뜻하는 명(明)과 연결된다. 그래서 사실 여섯 가지 기들 가운데서도 가장 중요한 것은 바람과 비를 의미하는 풍(風)과 우(雨)라고 말할 수 있다. 특히 구름을 몰고 오기도 하고 또 구름을 흩날려버리기도 하는 바람은, 농사를 지으며 살아가던 고대 중국인들에게 '신의 호흡'이라고까지 불리며 숭배되었다. 그들은 사방에서 불어오는 바람, 즉 계절별로 불어오는 남풍, 동풍, 서풍, 그리고 북풍이 모두 사방 끝에 살고 있다는 바람의 신들이 일으킨 것이라고 믿었다. 은(殷)나라 때 지냈던 기년제(祈年祭)라는 제사에서 동서남북 사방의 바람에 대해 자주 언급했던 것도 바로 이런 이유 때문이었을 것이다.

이처럼 고대 중국인들에게 바람은 기라는 개념의 원형적 이미지로 작용하고 있었다. '눈으로 보이지는 않지만 온몸으로 느낄 수 있는' 바람이 중요했던 것은, 그것이 '눈으로 볼 수 있는' 구름을 만드는 힘을 가지고 있다고 생각되었기 때문이다. 이로부터 고대 중국인들은 중국 특유의 우주발생론(cosmogony)을 생

각해냈다. 기 개념과 관련된 우주발
생론을 살펴보기 전에 먼저 한나라
때 만들어진 자전인『설문해자 (說文解
字)』를 살펴보도록 하자. 이 책에서
기란 '구름 기운[雲氣]'으로, 그 모양
을 본 뜬 것이라고 설명하고 있다. 그
런데 여기서 '구름 기운'이란 과연

설 문해자

후한(後漢) 때 허신(許慎, 58?
~147?)이 편찬한 중국 최초의 문
자학 서적. 고문자에 대한 자료
가 많이 보존되어 있어서, 중국
고대서적을 읽거나 특히 은(殷)·
주(周) 시대의 갑골문자(甲骨文
字)·금문(金文)을 해독하는 귀중
한 근거가 되고 있다.

무엇일까? 이런 물음과 관련하여『설문해자』에 주석을 달고 있
는『설문해자부수정(說文解字部首訂)』이라는 책은 다음과 같은 흥
미로운 사실을 제공해주고 있다.

> 기의 모양은 구름과 같다. 그렇지만 나누어 말한다면 산골 시
> 냇물에서 처음 나오는 것이 기이고, 하늘에 올라간 것이 구름
> 이다. 합쳐서 보면 기는 구름이 흩어진 것이고, 구름은 기가
> 짙게 모인 것이다. 그러므로『설문해자』에서는 운기(雲氣)라고
> 풀었던 것이다. 글자 모양이 세 줄을 겹쳐 놓은 것은 기가 피
> 어오를 때 여러 층이 겹쳐져 올라가기 때문에 획을 겹쳐서 모
> 양을 본 뜬 것이다.
>
> 『설문해자부수정(說文解字部首訂)』

『설문해자』와 관련된 자료를 읽을 때 우리는 기상 변화와 관련
된 인간의 경험에 주목해볼 필요가 있다. 산간지역에서는 지형
상의 특성으로 인해 구름이 갑자기 만들어졌다가 또 갑자기 사
라지는 현상이 자주 목격된다. 그렇다면 구름은 어떻게 만들어

지며 또한 어떻게 사라지는 것일까? 고대 중국인들은 눈에는 보이지 않지만 분명히 존재하는 기가 뭉쳐서 구름이 된다고 보았고, 이렇게 만들어진 구름은 다시 기로 흩어져서 우리 눈에 보이지 않게 된다고 생각했다. 결국 구름은 우리 눈으로 볼 수 있게 된 기에 다름 아닌 것이다. 이로부터 우리는 무형(無形)과 유형(有形)이라는 전형적인 중국 사유의 두 가지 범주가 어떻게 유래되었는지 짐작해볼 수 있다. 쉬운 말로 풀어보자면 무형이 형체가 없어서 우리가 볼 수 없는 것을 가리킨다면, 유형은 형체를 가지고 있어서 우리가 볼 수 있는 것을 의미한다. 그래서 보이지는 않지만 느낄 수 있는 기가 무형의 존재라면, 눈으로 확인할 수 있는 구름이 바로 유형의 존재라고 할 수 있다. 여기서 중요한 것은 고대 중국인들에게 있어 '무형'이라는 것은 비존재, 즉 무(無)를 의미하지 않았다는 점이다. 그것은 단지 우리의 시각으로 볼 수 없는 것을 가리킬 뿐이었기 때문이다.

기가 응결하여 구름이 되고, 역으로 구름이 흩어져 기가 된다는 역동적인 자연모델로부터 고대 중국인들은 자신들의 고유한 우주발생론을 구성해낸다. 그들의 생각에 따르면 세계 안의 형체를 가지고 있는 모든 것들은 기본적으로 시각으로 확인할 수 없는 미세한 기가 모여서 이루어진 것이다. 다시 말해 무형의 기가 응결하여 만물들이 발생하고, 역으로 유형의 만물들은 흩어져 원래 상태인 무형의 기로 되돌아간다고 본 것이다. 이러한 우주발생론은 중국 전통 과학사상의 원형이 완성되었던 시기인 서한시대에 다음과 같이 정형화된 모습으로 등장하게 된다.

기에는 구분이 있다. 맑고 밝은 것은 위로 올라가 하늘이 되고 무겁고 탁한 것은 응결되어 땅이 되었다. 맑고 미묘한 것은 모이기가 쉽지만 무겁고 탁한 것은 응결되기 어려웠다. 그래서 하늘이 먼저 생기고 땅이 나중에 생겼다. 하늘과 땅이 부합한 기가 음양이 되고, 음양의 순수한 기는 사시(四時)가 되었으며 사시의 흩어진 기는 만물이 되었다.

『회남자』「천문훈(天文訓)」

「천문훈」의 저자에 따르면 기에는 두 가지 성질이 내재해 있다. 그중 하나는 맑고 밝은 것으로, 이것은 하늘을 만든다. 다른 하나는 무겁고 탁한 것으로, 이것이 땅을 만들게 된다. 따라서 하늘과 땅은 원래 하나의 기로부터 나온 것이고, 서로 영향을 주고받을 수가 있다. 이렇게 영향을 주고받을 때 하늘로부터 기원하는 기가 바로 양의 기가 되고, 땅으로부터 기원하는 기가 바로 음의 기가 된다. 그러므로 양의 기는 기본적으로 맑고 밝은 성격, 즉 따뜻한 성격을 가지고 있고, 음의 기는 무겁고 탁한 성격, 즉 차가운 성격을 가지고 있다고 할 수 있다. 결국 따뜻한 양기와 차가운 음기의 상호작용으로 네 계절인 사시가 출현하고, 나아가 사시의 과정을 통해서 만물이 생성된다는 것이다.

여기서 우리는 음양(陰陽)이라는 중요 범주가 기라는 범주에 포섭되어 있는 것을 확인할 수 있다. 『춘추좌전』에서 그늘과 볕 혹은 어둠과 밝음 정도를 의미했던 음양 개념은, 서한시대에 들어오면 기의 두 양태에 의해 만들어진 하늘과 땅으로부터 파생된 것으로 이해되고 있다. 그런데 『회남자』에 보이는 우주발생론의 기본 발상은 기가 응결하여 구름이 발생하고 구름이 다시 흩어져 기로 돌아가는 기상과 일기 변화에 대한 고대 중국인들의 경험에 뿌리를 두고 있다.

사실 현대인들 중 그 누구도 기를 중심으로 전개되는 우주발생론을 믿고 있지는 않다. 흥미로운 것은 그럼에도 불구하고 '기'라는 개념은 아직도 우리의 일상적인 삶과 사유에서 의식적이든 무의식적이든 빈번히 사용되고 있다는 점이다. 그 대표적인 용례들을 열거해보면 다음과 같다. '기세(氣勢)', '기운(氣運)', '기절(氣絶)', '공기(空氣)', '온기(溫氣)', '냉기(冷氣)', '한기(寒氣)', '습기(濕氣)', '살기(殺氣)' 등등.

이렇게 나열해 놓고 살펴보면, 우리는 새삼스럽게 놀라지 않을 수 없다. 우리의 일상적인 삶과 사유가 아직도 동양 전통 과학사상으로부터 강하게 영향을 받고 있기 때문이다. 앞에서 열거해본 많은 복합어들로부터 우리는 기(氣)가 과연 무엇인지, 그리고 그 특성은 어떤 것인지를 다음과 같이 추정해볼 수 있다.

첫째, 기라는 개념은 에너지 혹은 힘과 같이 어떤 역동성을 가리킨다. '기세'나 '기운'이 아마도 이런 의미를 가장 잘 나타내주는 용례일 것이다. 가령 사납게 달리는 야생마를 볼 때, 우리는 "그 말이 기세가 등등하다"거나 "말이 기운이 넘친다"고 말한다. 둘째, 기는 어떤 흐름이나 연속성을 나타내는 개념이기도 하다. 이런 의미를 나타내는 흥미로운 사례가 바로 '기절'이란 용어다. 감당하기 어려운 외적인 충격으로 인해서 정신을 잠깐 잃을 때 우리는 '기절했다'는 말을 사용하는데, 이 말은 글자 그대로 '기(氣)가 끊어졌다[絶]'는 것을 의미한다. 다시 말해 의식의 연속적인 흐름이 외적인 충격으로 인해 순간적으로 끊어졌다는 것이다. 셋째, 기라는 개념은 '보이지는 않지만 어떤 작용을 가진 무엇'을 가리키고 있다. '온기', '냉기', '한기' 등이 이 점을 잘 보여준다. 따뜻한 방에 들어가면 우리는 온기를 느낀다. 그러나 결코 우리는 그것을 눈으로 확인해볼 수는 없다. 마찬가지로 따뜻한 집을 떠나 밖으로 나가면 냉기나 한기를 느끼지만 역시 그것을 볼 수는 없다. 이렇게 냉기와 한기에 노출되어 우리 몸에 이상이 오는 경우 우리는 '감기 들었다'는 말을 사용하기도 한다. 감기(感氣)란 글자 그대로 '냉기나 한기를 느끼는[感] 상태를 의미한다.

지금까지의 고찰을 종합해보면 우리는 기를 다음과 같이 정의할 수 있을 것이다. 기란 '눈으로 볼 수는 없으나 분명하게 느껴지는 어떤 힘이나 작용을 가진 무엇'이다. 여기서 흥미로운 것은 바로 '기가 비가시적(invisible)이지만 감지할 수는(sensible) 있는 것이다'라는 정의이다. 다른 감각과는 달리 시각은 기본적으로 '보는 주체'와 '보이는 대상' 사이의 분리를 전제로 하는 감각이다. 이 점에서 서양 근대 자연과학의 세 가지 핵심 범주인 질량, 시간, 그리고 거리는 모두 시각이라는 감각을 우선으로 한 개념들이라고 볼 수 있다. 질량, 시간, 그리고 거리라는 범주는, '보는 주체'가 누구든 간에 '보이는 대상'을 객관적으로 규정할 수 있도록 양화된 단위로 사용되기 때문이다.

근대 물리학에서 '보이는 대상', 즉 내 눈 앞에 보이는 대상은 예를 들면 다음과 같이 측정되면서 규정될 수 있다. 이 물체의 질량은 2킬로그램이고, 30초 동안 2미터의 거리를 이동했다. 여기서 중요한 것은 측정된 이 대상의 세 가지 성격, 즉 2킬로그램, 30초, 2미터는 누가 보든지 간에 상관없이 일정한 값을 갖는다는 점이다. 측정값의 이런 객관성은 기본적으로 측정수단, 즉 저울, 시계, 자라는 것이 관찰자나 관찰대상과는 다른 제3의 위상을 차지하고 있기 때문에 가능한 것이다.

그렇다면 동양 전통 과학사상의 핵심 범주인 기는 어떤가? 놀랍게도 한기(寒氣)나 온기(溫氣)와 같은 것에서는 시각이 주는 일종의 분리감을 찾아보기 어렵다. 오히려 한기나 온기는 시각과는 달리 모두 '느껴지는 대상'이 '느끼는 주체'와 매우 근접해야만 의미를 갖는 것이다. 이것은 기를 측정하는 수단 자체가 기를 감지하는 주체와 동일하기 때문에 생기는 불가피한 현상이다. 동일한 한기라고 하더라도 주체의 몸 상태에 따라 다르게 감지될 수 있다. 예를 들면 몸에 열이 나는 경우 우리는 한기를 '차가움'으로 느끼기보다는 오히려 '시원함'으로 느끼게 될 것이다.

우리는 이로부터 동양 전통 과학사상의 중대한 특징 하나를 읽어낼 수 있다. 즉 기에 대한 경험이나 감지는, 주체와 대상 사이의 분리를 전제로 하지 않기 때문에, 객관화되기 매우 어렵다는 점이다. 여기서 객관화되기 어렵다는 표현은 양화되기 어렵다는 것, 즉 측정하기 어렵다는 것을 의미한다. 마치 일종의 상대성이론 (theory of relativity)처럼, 기에 대한 경험은 주체의 조건에 의해 너무나도 많은 영향을 받기 때문이다. 그렇다고 해서 기가 비과학적인 개념이라고 성급하게 판단해서도 안 될 것이다. 비록 양화가 힘들어서 객관화하기는 어려운 개념이지만, 기는 우리의 일상적인 다양한 질적 경험들을 잘 설명해주고 있기 때문이다.

바로 이런 이유 때문에 우리는 생활에서 기라는 용어를 사용하면서 자신과 대상 세계를 이해하는 데 별다른 어려움을 느끼지 않았던 것이다.

변화를 이끄는 두 힘, 음과 양

앞에서 살펴본 것처럼 『춘추좌전』은 하늘의 기를 여섯 가지로 나열하고 있는데, 그 여섯 가지의 기는 음(陰)과 양(陽), 풍(風)과 우(雨), 회(晦)와 명(明)이었다. 이 경우 음과 양은 기본적으로 구름과 태양의 관계에 대한 경험으로부터 유래한 것이다. 음(陰)이라는 글자가 '구름이 해를 가린 것'을 의미한다면, 양(陽)은 그 반대로 '구름이 걷히고 해가 나타난 것'을 의미한다. 고대 중국인들은 음과 양을 서로 대립되지만 동시에 서로 의존해서만 이해될 수 있는 항목들을 포괄하는 일반적 용어로 사용한다. 대립 항목의 대표적인 예로는 다음과 같은 것들을 생각해볼 수 있다.

음(陰)	땅	응축	여성	차가움	은폐	내부	어둠	아래	작고 약한 것	물	정지	밤
양(陽)	하늘	팽창	남성	따뜻함	현현	외부	밝음	위	크고 강한 것	불	운동	낮

음양론에서는 어떤 사물이 존재할 때 그것이 기본적으로 '음'인지 혹은 '양'인지를 규정하려고 한다. 예를 들면 물은 우리에게 흐린 날씨와 유사한 느낌을 주기 때문에 음으로 분류되고, 반대로 불은 마치 구름이 걷히고 등장한 해처럼 따뜻하기에 양으

로 분류된다. 이처럼 음양론은 일종의 분류법이자, 동시에 사물들을 정의하는 방법이라고 말할 수 있다. 그러나 문제는 음양론에 의한 분류법이 전혀 체계적이지 않다는 데 있다. 여성이 전통적으로 음으로 정의되어 분류된 것은 전통 사회에서 여성이 직장에 다니는 등 사회활동을 하지 않아 정지해 있는 듯한 이미지를 보여주었기 때문이다. 결국 여성은 음으로 분류되는 여러 현상들이 갖고 있는 다양한 이미지들을 가진 존재로 정의되었던 것이다. 이것은 일종의 유비적 사유(analogical thinking)라고 말할 수 있다. 땅을 보면 여성을 생각하고, 물을 보면 밤을 생각하고, 밤을 생각하면 어둠을 생각하고, 어둠을 생각하면 내부를 생각하고, 내부를 생각하면 숨기는 것을 생각하는 방식으로 말이다.

음양론이 가진 유비적 성격을 명확하게 이해하기 위해서 우리는 아리스토텔레스로부터 유래하는 서양의 분류법을 살펴볼 필요가 있다. 아리스토텔레스는 어떤 사물에 대한 정의는 기본적으로 그 사물의 유(類, genus)와 종차(種差, specific difference)를 밝히는 것이라고 생각했다. 예를 들면 인간은 '생각하는 동물'이라고 정의될 수 있다. 여기서 '동물'이 인간이 속하는 상위의 범주를 가리킨다면, '생각'은 인간이 속해 있는 동물이라는 범주에서 인간만을 구별해주는 속성을 가리킨다. 이와 유사한 논리로 동물은 '운동하는 생물'로, 생물은 '살아 있는 존재'로 정의될 수 있다. 이처럼 서양 분류법은 개별자로부터 존재에 이르는 거대한 피라미드식 체계로 구성되어 있다. 이로부터 내포(intension)와 외연(extension)이라는 유명한 논리적 개념들이 출현하게 된다. 여기서 내포가 어떤 개념이 함의하고 있는 속성들을 의미한다면, 외연은 그 개념이 가리키는 대상을 의미한다. 예를 들어 내 앞에 '백민정'이라는 사람이 있다고 해보자. 이 경우 백민정이란 개념의 내포는 '여자', '사람', '동물' 등 무한하다. 그렇지만 이 개념의 외연, 즉 이 개념이 가리키고 있는 것은 단지 백민정이란 사람 하나일 뿐이다. 반면 '존재'라는 개념을 생각해보자. 이 경우 이 개념의 내포는 '있다'는 특성 하나뿐이지만, 그 외연은 무한하다고 말할 수 있다. 어쨌든 우리 앞에 있는 모든 것들은 '존재'하는 것이기 때문이다.

그런데 음양에 의한 분류법에는 내포와 외연이라는 논리적 관계가 성립될 여지가 전혀 없다. 단지 인상적이고 감각적인 유사성에 의한 유비(analogy)만이 존재할 뿐이다. 이 점에서 유비적 사유는 마치 시(詩)에서의 '은유'나 '직유'와 유사하다고 할 수 있다. 흥미로운 것은 고대 중국인들이 음양론을 단순히 분류방법에만 국한시킨 것이 아니라는 점이다. 그들은 모든 사물들과 사태들에는 기본적으로 음의 요소와 양의 요소가 동시에 내재해 있다고 생각하는 방식으로 자신들의 사유를 확장시켰다. 사실 동양 전통 과학사상에서 중요한 것은 단순한 분류법으로서의 음양론이 아니라 내재론으로서의 음양론이라고 말할 수 있다. 우선 직관적으로나마 음양 분류론과는 분명 구별되는 음양 내재론에 대해 이해해보도록 하자. 예를 들어 '구름이 해를 가려서 생긴' 어둠과 '구름이 걷혀 해가 나타나서 발생하는' 밝음은 기본적으로 서로 연관되어 있는 두 현상이다. 다시 말해 어두웠기 때문에 밝음이 감지되고, 밝았기 때문에 어둠이 감지된 것이다. 낮과 밤의 경험은 밝음이 어둠으로, 어둠이 밝음으로 변하는 현상에 대한 경험이라고 말할 수 있다. 이런 경험들을 통해 고대 중국인들은 밝음 속에 어둠의 계기가 잠재해 있었고, 또 역으로 어둠 속에는 밝음의 계기가 잠재해 있다고 생각했다. 이렇게 해서 음양론은 사물들의 단순한 유비적 분류법을 넘어서 이제 사물들과 사태들의 변화를 설명해주는 근본적 원리로도 기능하게 되었다.

한 사물에 음과 양 두 계기가 모두 내재되어 있다는 주장은 막대자석을 비유로 들면 쉽게 설명할 수 있다. 10센티미터짜리 막대자석이 하나 있다고 해보자. 이 자석의 한쪽 끝은 음극이고 다른 한쪽 끝은 양극이다. 보통 가게에서 파는 막대자석은 음극에는 파란색이, 양극에는 붉은색이 칠해져 있다. 이 막대자석의 중간을 잘라 파란색이 칠해져 있는 부분과 붉은색이 칠해져 있는 부분을 둘로 나누면, 순수한 음극으로 되어 있는 자석과 순수한 양극으로 되어 있는 자석을 두 개 얻을 수 있을까? 결코 그럴 수 없을 것이다. 우리는 자기력은 반으로 줄었지만, 음극과 양극이 같이 있는 5센티미터짜리 막대자석을 두 개 갖게 될 것이기 때문이다. 결국 음극과 양극이 있는 막대자석은 아무리 잘라도 음극과 양극을 분리해낼 수 없고, 단지 음극과 양극이 같이 있는 수많은 막대자석을 얻을 수 있을 뿐이다.

막대자석의 사례에서 드러나는 것처럼, 고대 중국인들은 음과 양을 분리 불가능한 두 가지 계기라고 생각한다. 모든 것들은 음양의 두 계기를 내재하고 있다. 가령 낮이라는 것은 이제 단순히 양으로만 분류될 수 없는 것이다. 낮이라는 사태에는 또한 양과 음이라는 대립되는 두 힘이 모두 내재되어 있기 때문이다. 낮이 밤이 되고 밤이 다시 낮이 되는 변화를 관찰했던 고대인들은, 낮

에는 밤의 계기가 반대로 밤에는 낮의 계기가 잠재되어 있어야한다고 추론했던 것이다. 즉, 낮에는 음의 힘이 약하고 양의 힘이 강할 뿐이고 반대로 밤에는 양의 힘이 약하고 음의 힘이 강하다는 차이만 있을 뿐이다. 이런 방식으로 음양 내재론이 가장 정연하고 체계적으로 정리되어 있는 자료가 바로 『주역(周易)』과같은 유가 경전이다.

기본적으로 이 책은 인간의 길흉화복을 점치던 점서의 한 종류였다고 할 수 있다. 주로 농사를 지어 먹고 살던 당시의 경제적 조건 때문에 인간의 길흉화복은 자연스럽게 자연환경과 밀접한 관련을 맺을 수밖에 없었다. 따라서 이 책에는 고대 중국인이자연을 어떻게 이해하고 있었는지를 보여주는 수많은 과학적 자

주역

『주역』은 원래 주나라 때 복서(卜筮)점을 치는 데 사용되었던 점서다. 그체계는 아마도 상나라 말기와 주나라 초기 사이에 형성되었을 것으로 보인다. 『주역』으로 점을 치는 방법은 6개의 괘의 모양[卦象]을 가지고 길흉화복을 점치는 것이었다. 괘는 음효(陰爻)와 양효(陽爻)로 구성되는데, 이 음양의 부호가 3중으로 중첩되면서 8괘(卦)가 만들어지고, 이 8괘가 2중으로 겹쳐져 모두 64괘, 즉 384효를 이루게 된다. 이 64괘 각각을 설명하는 괘사(卦辭)와 384효를 각각 설명하는 효사(爻辭)로 이루어진 부분을 『역경(易經)』이라 부른다. 이들 괘, 괘사, 효사에 대해 후대 사람들은 주석과설명을 붙였는데, 그 종류가 10개여서 보통 '십익(十翼)'이라고 부른다. 십익은 글자 그대로 '역을 이해하는 데 도움을 주는 10가지 주석'을 의미하는데, 「단(彖)」상·하, 「상(象)」상·하, 「계사(繫辭)」상·하, 「문언(文言)」, 「설괘(說卦)」, 「서괘(序卦)」, 「잡괘(雜卦)」 10편이 바로 그것이다. 이 십익 부분을 보통『역경(易經)』과 구별하여 『역전(易傳)』이라고 부른다.

료가 들어있다. 여기에서 우리가 관심을 기울여야 할 것은 이 책이 모든 사태와 변화를 음과 양이라는 두 기호를 조합함으로써 해석한다는 점이다.

『주역』에서는 음과 양을 '--'과 '―'라는 기호로 표기했는데 이 각각을 음효(陰爻)와 양효(陽爻)라고 부른다. 그 다음 음효와 양효를 세 번 반복하여 8개의 기호를 만드는데 이것이 바로 '여덟 가지 괘', 즉 팔괘(八卦)들이다. 음효와 양효를 세 번 반복하기 때문에, $2×2×2=2^3$이 되고 결국은 여덟 개의 괘를 구성할 수 있었던 것이다. 이렇게 구성된 팔괘는 다음과 같다. '☰'은 건(乾)괘라고 불리고 하늘〔天〕을 상징하며, '☷'은 곤(坤)괘라고 불리며 땅〔地〕을 상징한다. '☳'은 진(震)괘라고 불리며 우레나 천둥〔雷〕을 상징하고, '☶'은 간(艮)괘라고 불리며 산(山)을 상징한다. '☲'는 이(離)괘라고 불리며 불〔火〕을 상징하고, '☵'은 감(坎)괘라고 불리며 물〔水〕을 상징한다. '☱'는 태(兌)괘라고 불리며 연못〔澤〕을 상징하고, '☴'은 손(巽)괘라고 불리며 바람〔風〕을 상징한다.

팔괘 체계에서 눈에 띄는 것은, 건괘가 모두 양으로만 구성되어 있고, 곤괘는 모두 음으로만 구성되어 있다면, 나머지 여섯 가지 괘들은 모두 음과 양으로 구성되어 있다는 점이다. 음양을 함께 가지고 있는 이 여섯 괘들은 기본적으로 변화와 운동의 잠재력을 가지고 있다. 그래서 이 여섯 괘들이 상징하는 자연물들인 우레, 산, 불, 물, 연못, 바람 등은 모두 하늘과 땅이라는 절대적 공간 속에서 엄청난 변화를 겪는 것들이다. 소옹(邵雍, 1011~1077)은 팔괘가 구성되는 원리를 다음과 같이 도식화한 적이 있다.

팔괘의 구성 원리							
☰	☷	☵	☶	☳	☴	☲	☱
태양(太陽)	태음(太陰)	소양(少陽)	소음(少陰)	소강(少剛)	소유(少柔)	태강(太剛)	태유(太柔)
▭▭ 양(陽)		▭▭ 음(陰)		▭▭ 강(剛)		▭▭ 유(柔)	
▬ 동(動)				▬▬ 정(靜)			

소옹의 생각은 마치 수학에서의 수열과 유사하여, '-'과 '--'이라는 두 기호를 가지고 여덟 개의 조합을 만들었다. '-' 다음에는 '-'이 올 수도 있고 '--'이 올 수도 있다. 만약 '-'이 왔다면 '='라는 기호를 얻게 된다. 이 기호 다음에는 '--'이 올 수도 있고 '--'이 올 수도 있다. 만약 '-'이 왔다면 우리는 '='라는 기호를 얻게 된다. 이렇게 팔괘를 구성한 이후 『주역』은 또다시 이 팔괘를 중첩하여 8^2개의 괘, 즉 64개의 괘(卦)를 만들어 낸다. 『주역』을 구성했던 고대 중국인들은 이런 방식으로 만들어진 64괘를 가지고 자연현상뿐만 아니라 사회현상까지도 모두 설명하고 예측할 수 있는 체계를 완성했던 것이다. 보통 64괘는 각 괘들의 고유성에 따라서 이름이 붙는다.

다음 표에 기재되어 있는 64괘의 상징구조를 읽어내는 데는 중요한 하나의 법칙이 있다. 그것은 위에 있는 것이 현재 드러난 측면이고 밑에 있는 것이 앞으로 드러날 측면이라는 점이다. 이 점에서 64괘로 구성되는 『주역』의 상징구조는 현실성과 잠재성을 축으로 하는 사건의 변화, 즉 시간성의 계기도 아울러 가지고 있다는 것을 알 수 있다. 『주역』이 음양 내재론에 입각해서 사건

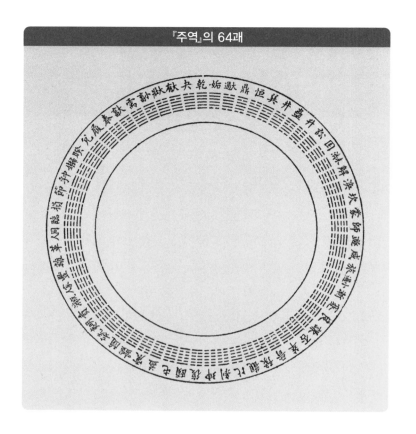

『주역』의 64괘

의 변화를 어떻게 설명하는지 궁금하다면, 우리는 이 중 우선 복괘(䷗)에 주목하는 것으로 충분할 것이다. 복(復)은 기본적으로 '반복'이나 '회복'을 의미하는 글자다. 그래서 이 복괘는 한 해가 마무리되는 가장 추운 겨울, 즉 동지(冬至)를 상징한다. 복괘를 통해서 고대 중국인들은 이렇게 가장 추울 때가 바로 따뜻한 봄이 올 수 있는 잠재성을 가지고 있다고 생각했다. 복괘의 구조에는 이런 믿음이 그대로 반영되어 있다. 복괘는 '위는 땅을 상징하는 곤괘(☷)'로 아래는 '우레를 상징하는 진괘(☳)'로 구성되어 있다. 다시 말해 땅 속에 우레가 있다는 의미이다. 결국 복괘는 꽁꽁 얼어붙은 대지 깊은 곳에 하나의 양(陽), 즉 따뜻함이 내재해 있음을 상징하고 있는 괘이다.

『주역』의 64괘 가운데 건괘와 곤괘를 제외한 62괘는 이렇게 모두 음과 양이 동시에 들어 있다. 이것들은 앞에서도 설명한 것처럼 정치·사회의 변화뿐만 아니라 자연의 변화를 내다보고 전망하기 위해서도 사용되었다. 그러나 서한시대에 접어들면서 눈여겨 볼만한 사유의 전환이 발생한다. 서한시대의 중국인은 하늘과 땅을 불변하는 절대적인 기준으로 보지 않고, 다른 개별자들과 마찬가지로 변할 수밖에 없는 두 가지 커다란 개별자로 이해하기 시작한다. 이것은 순수한 양으로서의 하늘과 순수한 음으로서의 땅이 기본적으로 기(氣)에 따라 만들어진 것이라는 『회남자』의 지적에서도 예측할 수 있던 사유의 전환이다. 음양 내재론을 통해서 하나의 거대한 유기체론을 만들었던 서한시대의 동중서(董仲舒, BC 176~104)는 음양이 모든 사태와 사물에 내재한다고 주장하면서 다음과 같은 흥미로운 이야기를 들려준다.

> 하늘에는 음과 양이 있으며, 사람도 또한 음과 양을 가지고 있다. 하늘과 땅의 음기가 일어나면 사람들의 음기도 이에 대응

동 중서

천인감응(天人感應)설과 재이(災異)설로 유명한 한나라 유학자이다. 천인감응설은 글자 그대로 하늘로 상징되는 자연계의 변화가 군주로 상징되는 인간계의 변화를 낳고, 반대로 인간계의 변화가 자연계의 변화를 낳을 수도 있다는 이론이다. 따라서 그는 자연계의 이상 현상, 즉 재이에 주목하게 된다. 재이는 바로 하늘이 인간에게 내리는 경고이기 때문이다. 동중서의 사유체계가 비록 신비주의적이고 신학적이지만 유기체적 자연관을 표방하고 있다는 점이 흥미롭다. 이것은 그가 한나라 때의 유기체적 과학 사상에 깊이 영향을 받았기 때문일 것이다.

해서 일어난다. 또 역으로 사람들의 음기가 일어나면 하늘과 땅의 음기도 또한 이에 대응해서 일어나게 된다. (자연계와 인간계의) 도(道)는 동일한 것이기 때문이다. 이 점을 분명히 아는 사람은 비가 오도록 하려면 음을 움직여 작동하도록 해야 하며, 비를 그치고자 하려면 양을 움직여 작동하도록 해야 한다.

『춘추번로(春秋繁露)』 「동류상동(同類相動)」

동중서에 이르러 음양은 단순한 사물 분류법을 넘어서서 모든 사물과 사태 그리고 그것들의 변화와 운동에 관여하는 내재적 원리로 이론화된다. 그는 하늘과 땅마저도 음과 양의 계기가 있는 것으로 사유하기 때문이다. 물론 이런 사유의 확장은 앞에서 지적한 것처럼 동중서를 포함한 서한시대의 사상가들이 기(氣)를 하늘과 땅을 넘어선 최고 범주로 여기면서 자연스럽게 형성된 것이다.

이제 하늘과 땅을 포함한 모든 사물은 음과 양의 계기가 있는 것으로 사유된다. 바로 이 부분에서 흥미로운 동중서의 유기체론이 전개된다. 모든 사물에는 음과 양의 계기가 있는데, 음은 음끼리, 양은 양끼리 상호작용한다는 것이다. 동중서에 따르면 인간에 내재한 음이 하늘에 내재하는 음에 영향을 주고, 반대로 하늘에 내재한 음은 인간에 내재한 음에 영향을 준다. 그래서 인간이 음을 상징하는 비가 오게 하려면 그것을 유발할 수 있는 음의 행위를 해야 하고, 비가 그치게 하려면 양의 행위를 함으로써 비가 함축하는 음의 힘을 상쇄해야 한다고 말한 것이다.

『주역』에서는 자연을 인간이 어찌할 수 없는 압도적인 힘을 가지고 있는 것으로 이해했다. 그 결과 인간은 피할 수 없는 자연의 변화를 예측하여 그것에 수동적으로 적응하는 존재에 지나지 않았다. 그러나 서한시대 동중서에 이르면서 인간은 나름대로 자연계에 작용을 가할 수 있는 능동적인 존재로 이해되기 시작한다. 그러나 사실 동중서가 제안하는 인간의 능동성은 신화적이고 종교적인 착각에 지나지 않는 것이다. 인간의 노력이 하늘을 움직여 비가 내리게 하거나 멈추게 한다는 그의 주장은 검증할 수 없는 것이기 때문이다. 기우제를 정성들여 지낸다는 것과 하늘에서 비가 온다는 것은 전혀 관계없는 일이다. 다시 말해 기우제를 지내는 행위와 무관하게 비가 올 수도 안 올 수도 있다는 말이다.

물론 기우제를 지냈는데도 비가 오지 않는다면, 동중서는 인간이 음을 유발할 수 있는 제사를 제대로 지내지 못했기 때문이라고 변명할 수 있다. 그래서 그는 기우제를 더 정성스럽게 지내야 한다고 할 것이다. 그러나 우리가 언제까지 기우제를 지내야 한단 말일까? 우습게도 우리는 비가 내릴 때까지 계속 기우제를 지내면 된다. 우연히 어느 날 비가 온다면, 동중서는 드디어 인간의 행동이 하늘에 영향을 미쳤다고 주장할 것이다. 그러나 사실은 어떠한가? 이때 기우제라는 인간의 행동과 비라는 하늘의 반응은 우연히 일치한 것뿐이지 않은가? 이렇게 모든 것이 모든 것에 영향을 미친다는 동중서의 유기체론 또는 음양론은 반증할 수 없는 거대한 종교적 관념에 지나지 않는다고 볼 수 있다.

분류와 조직의 원리, 오행(五行)

서양 자연과학이 들어오기 전까지 동양 전통 과학사상의 키워드는 '음양오행설'이었다. 모든 자연현상은 음양이라는 두 가지 범주나 오행이라는 다섯 가지 범주에 따라 해석되고 예측되었다. 앞에서 살펴본 음양론이 역사적 기원이 명백하지 않은 것과 달리, 오행론은 전국시대에 추연(鄒衍, BC 350?~270?)이라는 사상가가 체계화한 것으로 알려져 있다. 오행론은 속성이 서로 다른 다섯 가지 요소로 자연현상뿐만 아니라 사회현상도 설명한 이론 체계를 말한다. 여기서 다섯 가지 요소는 바로 나무[木], 불[火], 흙[土], 쇠[金], 물[水]을 말한다.

먼저 중국 한나라 역사가 사마천(司馬遷, BC 145~90?)이 오행론의 창시자인 추연을 어떻게 기록했는지 살펴보자. 『사기(史記)』에는 다음과 같은 기록이 보인다.

> 추연은 음양의 소식(消息)을 깊이 관찰하고 그 기이한 변화를 논하여 10여만 자에 달하는 「종시(終始)」편과 「대성(大聖)」편을 지었다. 그의 말은 과장되고 황당했으나, 반드시 작은 사물을 먼저 경험적으로 논의한 후, 그것으로 큰 사물을 무한대까지 유추하는 방법을 취했다. 먼저 현재에서 출발하여 위로 황제(黃帝)의 시대까지 거슬러 올라가 학자들이 공통적으로 주장하는 것과, 각 시대의 흥망성쇠, 그 상서(祥瑞) 및 흉조, 그리고 제도를 논한 후, 그것을 더욱 멀리 미루어 그 근원을 알 수 없는 천지가 생기기 이전의 먼 과거의 일까지 추론했다. 또 그는

먼저 중국의 명산, 대천, 큰 계곡, 새와 짐승, 각 지방의 산물과 진귀한 물건을 열거한 후, 이것으로 사람들이 볼 수 없었던 해외의 사정을 추론하기도 했다. 또 그는 천지가 나뉜 이래 모든 사물은 오덕(五德)의 전이에 따라 변화했으며, 각 시대마다 그 고유한 덕에 상응하는 징조가 나타났다고 주장했다. …… 당시의 군주와 대부들은 그의 주장을 들었을 때 크게 두려워하고 감탄했지만, 끝내 그의 가르침을 실천하지는 못했다.

『사기』 「맹자순경열전(孟子荀卿列傳)」

사마천이 기록하고 있는 것이 옳다면, 추연은 일종의 경험과 학자였다고 말할 수 있다. 무엇보다도 먼저 그는 쉽게 경험되는 사물들을 주의 깊게 관찰했다. 그 다음 그는 여기서 어떤 패턴을 발견하고, 이것을 관찰하지 못했거나 혹은 관찰할 수 없었던 대상들에게 적용했던 것으로 보인다. 추연이 발견한 패턴이 바로 오덕(五德), 즉 나무〔木〕, 불〔火〕, 흙〔土〕, 쇠〔金〕, 물〔水〕이라는 요소 사이의 상관관계였는데, 이것이 그 유명한 '오덕종시(五德終始)'설, 즉 '오행상극(五行相克)'설이다. 다시 말해 이 다섯 가지 요소들은 '서로를 극복하려는(相克)' 질서로 묶여 있다는 것이다. 『문선(文選)』 「직도부(稷都賦)」에 실려 있는 어떤 주석은 유향(劉向, BC 77~6)이 지은 『칠략(七略)』을 인용하면서 추연의 오행상승설을 다음과 같이 설명하고 있다.

문 선

남조(南朝) 양(梁, 502~557)나라의 소명태자(昭明太子) 소통(蕭統, 501~531)이 편찬한 가장 오래된 시문총집(詩文總集). 선진(先秦) 이래의 중요한 시와 문장을 포괄하고 각종 문학 양식의 발전 양상을 보여주고 있어 후세의 고대문학사 연구자들에게는 중요한 자료가 되고 있다.

추연(鄒衍)이 제안한 오덕(五德)이 순환하는 순서는 이길 수 없는 것이 뒤에 온다. '흙의 덕[土德]' 뒤에는 '나무의 덕[木德]'이 이어지고, '쇠의 덕[金德]'이 그 다음이고, '불의 덕[火德]'이 그 다음이고, '물의 덕[水德]'이 그 다음이다.

오행상극설은 농사를 짓던 고대 중국인의 경험에서 추론된 것으로 보인다. 흙에서 나무가 자라기에 나무는 흙을 이기고[木克土], 날카로운 무기가 되어 나무를 자를 수 있기에 쇠는 나무를 이기고[金克木], 날카로운 칼이나 농기구도 녹여버릴 수 있기에 불은 쇠를 이기며[火克金], 아무리 활활 타오르는 불도 물로 끌 수 있으므로 물은 불을 이긴다[水克火]는 것이다. 이렇게 오덕, 즉 오행의 주기가 끝나면 이 패턴은 다시 영원히 되풀이된다. 물길은 흙이 있으면 막히거나 다른 방향으로 흘러가기 때문에 흙이 물을 이긴다[土克水]고 볼 수 있기 때문이다. 추연은 바로 '······→토→목→금→화→수→토→······'로 진행되는 패턴을 발견하고, 이것을 자연현상뿐만 아니라 사회현상 나아가 역사현상에도 그대로 적용한 사상가다.

추연의 역사철학은 오행상극설에 근거를 두었기 때문에 전국시대 군주들이 그를 우대할 수밖에 없었다. 자신이 다스리는 국가의 흥망성쇠보다 더 군주들의 관심을 끌 만한 것이 있었을까? 추연의 이론에 따르면 '오덕(五德)', 즉 오행은 모두 자신의 전성기를 마치면 다른 요소에게 전성기를 내줄 수밖에 없다. 그때까지 중국 역

진 시황

진시황은 전국시대의 혼란을 정리해서 중국 최초로 중앙집권적 통일제국인 진나라를 건설한 전제군주이다. 강력한 부국강병책을 추진하여 BC 230~221년 사이에 한(韓)·위(魏)·초(楚)·연(燕)·조(趙)·제(齊) 나라를 차례로 멸망시키고 천하통일을 이루었다. 천하를 통일한 뒤 그는 자신을 시황제라 부르도록 하고 강력한 중앙집권정책을 추진했다. 그 정책에는 법령 정비, 군현제 실시, 문자·도량형·화폐 통일, 전국적인 도로망 건설 등이 있었다.

사는 황제(黃帝)의 통치, 즉 우왕(禹王)의 통치, 탕왕(湯王)의 통치, 문왕(文王)의 통치행위가 바로 '토→목→금→화'라는 오행상극의 과정으로 이해되고 있었다. 그렇다면 앞으로 등장할 새로운 통일국가는 오행 중 어느 요소가 지배적인 국가일까? 추연의 이론에 따르면 새로운 통일국가는 물[水]이 지배하는 국가일 수밖에 없다. 불[火] 다음에는 물[水]이 오기 때문이다. 전국시대의 혼란상을 통일하고 출현한 진(秦)나라와 진시황(秦始皇, 재위 BC 246~210)이 물의 덕[水德]을 내세우고, 물을 상징하는 검은색과 물을 상징하는 숫자 6을 숭상한 것도 이런 이유에서였다.

진시황은 오덕의 순환론을 미루어, 주나라가 불의 덕[火德]을 가지고 있으니 진(秦)나라가 주나라의 덕을 대신했다고 여겼다. 이것은 오행상극의 설명에 따른 것이다. 이제 물의 덕[水德]이 시작되었으니 일 년의 시작을 바꾸고 천자에게 조회하

는 것을 모두 하력(夏曆)의 10월 1일로부터 행했다. 옷이나 징
표와 깃발에서도 모두 검은색을 숭상했다. 수는 6월을 기준으
로 했으며 징표와 법관의 크기도 모두 6치(寸), 가마는 6자(尺)
이며 6자가 일 보(步)이고, 수레는 여섯 필의 말(馬)이 끌게 했
다. 황하를 덕수(德水)라고 고쳐 부른 것도 물의 덕이 시작되었
다고 여겼기 때문이다.

『사기』「진시황본기(秦始皇本紀)」

전국시대부터 진나라에 이르기까지 군주들이 추연의 오행설을
숭배한 것은 매우 중요한 의미가 있다. 군주들이 오행설을 숭상
하는 분위기는 지식인을 포함해서 당시 모든 사람들에게 전파되
었기 때문이다. 서한에 이르면 추연의 오행상극설 외에 오행이라
는 다섯 가지 요소 사이에 '서로 생성하고 도와주는(相生)' 패턴
이 존재한다고 주장하는 **오행상생(五行相生)**설이라는 새로운 오행론
이 등장한다. 오행상생설이 중요한 이유는 이것이 단지 오행상극
설과 함께 오행론을 체계화하는 이론으로 등장했기 때문만은 아
니다. 오히려 중요한 것은, 오행상생설이 등장하면서 오행론이
사물이나 사태의 변화·생성을 설명하는 논리뿐만 아니라 전체
우주를 마치 유기체인 것처럼 파악할 수 있게 해주는 일종의 기
능적 구조론, 즉 유기체론으로 발전할 수 있었다는 점이다.

세계에는 오행이 있다. 첫째는 나무(木)이고 둘째는 불(火)이
고 셋째는 흙(土)이며 넷째는 쇠(金)이고 다섯째는 물(水)이다.
…… 나무가 있어 불이 생기고, 불이 있어 흙이 생기고, 흙이

있어 쇠가 생기고, 쇠가 있어 물이 생긴다. …… 나무는 동쪽에 자리하여 봄의 기(氣)를 주관하고, 불은 남쪽에 자리하여 여름의 기를 주관하고, 쇠는 서쪽에 자리하여 가을의 기를 주관하고, 물은 북쪽에 자리하여 겨울의 기를 주관한다. 결국 나무는 생명의 계기를 주관하고, 쇠는 죽음의 계기를 주관하고, 불은 더위를 주관하고, 물은 추위를 주관한다. …… 흙은 가운데 자리하므로 하늘의 혜택이라고 할 수 있다. 흙은 사람의 팔과 다리처럼 하늘의 조력자여서 능력이 다양하고 아름다워 제한된 계절로 규정할 수 없다. 따라서 오행 가운데 사행은 각각 네 계절 중 하나와 연결되지만 토행(土行)은 네 계절을 포괄한다. 쇠·나무·불·물이 각각 나름대로 할 일이 있을지라도 흙에 의존하지 않으면 반듯하게 제자리를 지킬 수 없다. 이것은 신맛·짠맛·매운맛·쓴맛이 단맛과 섞이지 않으면 제대로 맛을 낼 수 없는 것과 마찬가지이다. 단맛은 다섯 가지 맛의 근본이고, 흙은 오행에서 주도적 역할을 한다.

『춘추번로』「오행지의(五行之義)」

　방금 읽은 내용은 음양론을 유기체론으로 변모시켰던 동중서의 논의다. 그는 추연의 오행상극설처럼 단절과 갈등의 계기를 오행론에서 제거하고자 시도했다. 그러기 위해서 그는 상극설 대신 상생설을 강조하게 된 것이다. 이제 오행은 상호간 서로 죽이는 관계가 아니라 서로 살리는 관계에 놓여 있는 것으로 설명되었다. 물론 이것 역시 나무[木], 불[火], 흙[土], 쇠[金], 물[水]이라는 오행 사이의 관계로 유비되어 설명된다. 즉 나무가 마찰

하면서 불이 생기므로 '나무는 불을 생기게 하고(木生火)', 타고
난 재가 흙이 되므로 '불은 흙을 생기게 하며(火生土)', 흙 속에
서 철광석이 발견되므로 '흙은 쇠를 생기게 하고(土生金)', 쇠로
만든 그릇이 새벽이 되면 이슬을 머금게 되므로 '쇠는 물을 생기
게 하고(金生水)', 마지막으로 나무는 물을 주면 자라게 되므로
'물이 나무를 생기게 한다(水生木)'는 것이다. 결국 오행상생설
의 도식은 '……→목→화→토→금→수→목→……'으로 정
리할 수 있겠다.

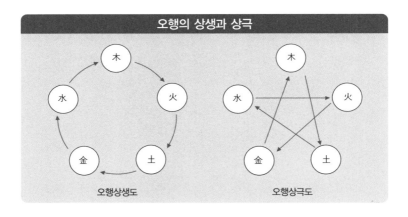

오행상생설이 발생하면서 나무〔木〕, 불〔火〕, 흙〔土〕, 쇠〔金〕, 물
〔水〕이란 다섯 가지 요소들은 서로를 죽여야만 살 수 있는 오행
상극설의 갈등론적 구조로부터 벗어나게 된다. 오행은 이제 서
로 공존이 가능하게 된 것이다. 이로부터 바로 서한시대의 유기
체론, 일종의 구조론이 이론적으로 완성된 형태를 갖추게 된 것
이다. 오행상생설이 오행구조론으로 변하기 위해서는, 무엇보다
먼저 오행의 구조를 순환론적인 열린 구조가 아니라 중심이 있

는 닫힌 구조로 변모시켜야만 했다. 그래서 흙의 덕을 중앙에 놓고, 그것이 나머지 네 덕을 관장한다고 설명함으로써 오행구조론을 결정적으로 구성해낸 것이다. 이렇게 해서 동양 전통 과학사상의 핵심 이론으로 기능한 오행론은, 추연의 오행상극설을 극복하면서 나타난 서한시대의 오행상생설과 오행구조론이 병립하던 단계에 이르러 어느 정도 완성되었다고 할 수 있다. 서한시대에 정립된 오행구조론은 다음과 같이 표로 정리할 수 있다.

오행구조론				
오행	나무[木]	불[火]	흙[土]	쇠[金]	물[水]
계절	봄[春]	여름[夏]	–	가을[秋]	겨울[冬]
방위	동(東)	남(南)	중앙[中]	서(西)	북(北)
맛	신맛[酸]	쓴맛[苦]	단맛[甘]	매운맛[辛]	짠맛[鹹]
냄새	누린내[羶]	매운내[焦]	향내[香]	비린내[腥]	썩은내[朽]
소리	각(角)	치(徵)	궁(宮)	상(商)	우(羽)
별자리	창룡(蒼龍)	주작(朱雀)	황룡(黃龍)	백호(白虎)	현무(玄武)
색깔	푸른색[靑]	붉은색[赤]	노란색[黃]	흰색[白]	검은색[黑]
기후	바람[風]	더위[暑]	천둥[雷]	추위[寒]	비[雨]
제후국	제(齊)나라	초(楚)나라	주(周)나라	진(秦)나라	연(燕)나라
인간의 감정	화냄[怒]	즐거움[樂]	기쁨[喜]	슬픔[哀]	두려움[懼]
신체의 부분	근육	혈관	살	피부·머리카락	뼈
인간의 내장	지라[脾]	폐	심장	신장	간
숫자	8	7	5	9	6
정부부처	농업[司農]	전쟁[司馬]	수도[首府]	법률[司徒]	작업[司空]
곡식	보리	콩	피	삼 혹은 마	기장
희생물	양	닭	황소	개	돼지
동물	비늘(어류)	날개(조류)	알몸(인류)	털(포유류)	껍질(무척추동물)

앞의 표에서 살펴본 사례들은 오행구조론이 적용되는 일부일 뿐이다. 서한시대에는 자연적인 현상이든 사회적인 현상이든 간에 거의 모든 사물과 사태를 이 오행구조에 맞춰 이해했다. 그리고 이 구조에서 서한시대 사람들이 꿈꾼 것은 오행의 공존적 질서로 상징되는 안정되고 평화로운 세상이었다. 이 점에서 그들은 전국시대의 추연이 주장했던 오행상극설에 일정 정도의 거리를 둘 수밖에 없었다고 말할 수 있다. 서로 갈등하면서 동요되는 관계라 아니라, 서로 살려주면서 완성해주는 관계야말로 평화와 공존의 이상적 관계 양식이기 때문이다. 결국 오행상생설이나 오행구조론은 서한시대 사람들이 한(漢)나라라는 안정된 통일제국 하에서 살고 있었기 때문에 가능했던 발상이었다고도 볼 수 있다. 이와는 달리 추연의 시대, 즉 전국시대(戰國時代)는 통일된 제국이 없었기 때문에, 혼란을 근본적으로 극복할 수 있는 오행상극설이 유행할 수밖에 없었던 것이다.

오행론은 기본적으로는 질적인 세계관, 유기체적 세계관, 유비적 세계관을 내세운다.

첫째, 오행론은 우선 질적인 세계관이다. 이 점은 사방을 나타내는 동서남북만 보아도 쉽게 알 수 있다. 서양 근대 자연과학에서 공간은 모두 동질적이고, 이 공간 안에 물체가 놓여 있으며 이 공간 안에서 운동한다. 따라서 근대 자연과학의 공간은 기본적으로 양화된 기하학적 공간이라고 할 수 있다. 이와 달리 오행론의 세계관에서는 동, 서, 남, 북 네 방위는 각각 고유한 질적인 공간으로 경험된다. 이런 질적인 세계관에서 근대 물리학 같은 학문은 등장할 수 없었다. 근대 물리학은 중세의 질적인 우주론이 동질적인 우주론으로 바뀌면서 탄생할 수 있었기 때문이다. 다시 말해 물체와 그것의 운동을 우주 어느 곳에서 측정하든 같은 결과가 나오게 하려면 근대 물리학에서는 동질적인 우주론이 반드시 필요했던 것이다.

둘째, 오행론은 유기체적 세계관을 표방한다. 이것은 오행구조론의 전제인 오행상생설만 보아도 어렵지 않게 이해할 수 있다. 오행 가운데 어떤 한 요소만 건드려도 전체 오행구조는 동요될 수밖에 없다. 그렇다면 이런 유기체적 세계관을 따를 경우, 우리는 특정한 관찰대상을 다른 대상과 독립된 것으로 다룰 수 없다. 전체가 유기적으로 연결되어 있으므로 우리가 어느 특정 관찰 대상을 이 연결에서부터 떼어내어 다루려는 바로 그 순간, 이 관찰 대상의 성격과 의미는 완전히 다른 것으로 변하기 때문이다.

셋째, 오행론의 세계관은 논리적 세계관이라기보다는 유비적 세계관이다. 오행구조론은 자연현상의 구조뿐만 아니라 인간의 감정이나 육체의 구조, 정치 체제의 구조에도 일관되게 적용되기 때문이다. 이런 유비적 세계관에 근거를 두기 때문에, 서한시대 사람들은 우주를 커다란 인간으로 유비해서 이해했고, 반대로 인간을 작은 우주로 유비해서 이해할 수 있었던 것이다.

3

『회남자』:하늘, 땅 그리고 시간에 대한이해

우주발생론과 유기체적 세계관의 완성

　동양 전통 과학사상의 뼈대는 서한시대에 대부분 완성된다. 이 말은 춘추전국시대의 과학사상을 이끌었던 기, 음양, 오행이라는 세 가지 핵심 범주가 서한시대에 이르러 하나로 체계화되어 이해되었음을 의미한다. 이 세 가지 범주가 결합하는 방식은 기본적으로 기를 최상의 범주로 삼고, 그 다음 기 범주에 음양을 배치하고, 마지막으로 음양에 오행을 배치하는 것이었다. 그런데 여기서 주의해야 할 것은 서한시대의 우주론이나 우주발생론에서 오행 대신 네 계절을 의미하는 사시(四時)라는 범주를 주로 사용했다는 점이다. 앞에서 살펴보았듯이 그들에게 사시는 기본적으로 오행이라는 범주에 속하는 하위 범주였다. 따라서 그들이 기, 음양, 사시라는 범주를 이용해서 우주론을 사유했다 해도, 사시를 우주론에 도입한 것은 기본적으로 그들이 오행론을 채택했다는 사실과 모순되지 않는다.

『회남자』는 서한시대에 정립된 동양 전통 과학사상의 윤곽을 보여주는 가장 좋은 자료라고 할 수 있다. 특히 우리가 주의 깊게 살펴보아야 할 편이 세 가지가 있다. 첫째「천문훈(天文訓)」편, 둘째「지형훈(地形訓)」편, 셋째「시칙훈(時則訓)」편이 그것이다. 그 가운데 우리가 먼저 살펴보려는 것이「천문훈」편이다. 이 편은 이름이 말해주듯이 서한시대 사람들이 어떻게 '하늘의 문자〔天文〕'를 해석했는지를 다룬다. 따라서「천문훈」에서는 고대 중국인의 점성술을 다루었다고 볼 수 있다.

점성술은 글자 그대로 별의 운동과 위치를 살펴 인간과 사회의 운명을 예측하는 기술로서, 기본적으로 자연계의 변화와 인간계의 변화 사이에 어떤 연관관계가 있다는 것을 전제로 하고 있다. 그리고 그 연관관계를 고대 중국인은 기, 음양, 사시(四時)라는 범주로 설명했다. 그래서「천문훈」편은 인간과 자연을 포함한 전체 세계의 기원과 생성 과정을 다음과 같이 거대한 도식으로 설명하는 것으로 흥미진진한 논의를 시작한다.

천지가 형성되지 않았을 때는 형체도 없고 투명했다. 그래서 크게 밝다고 했다. 도(道)는 텅 빈 것에서 시작되는데, 이 텅 빈 것이 우주를 만들어내고 우주는 기를 만들어냈다. 기에는 구분이 있다. 맑고 밝은 것은 위로 올라가 하늘이 되고 무겁고 탁한 것은 응결되어 땅이 되었다. 맑고 미묘한 것이 모이기는 쉽지만 무겁고 탁한 것은 응결되기 어려웠다. 그래서 하늘이 먼저 생기고 땅이 나중에 생겼다. 하늘과 땅이 부합한 기가 음양이 되고, 음양이란 순수한 기는 사시(四時)가 되었으며 사시의 흩어진 기는 만물이 되었다.

「회남자」「천문훈」

「천문훈」 편에서 화려하게 전개되고 있는 우주의 발생 과정은 다음과 같은 순서로 이루어져 있다.

① 비어있으면서 동시에 밝은 상태→ ② 우주(宇宙)→
③ 기(氣)→ ④ 하늘과 땅[天地]→ ⑤ 음양(陰陽)→
⑥ 사시(四時)→ ⑦ 만물(萬物)

위와 같은 「천문훈」의 우주발생론을 보고서 당혹스럽지 않은 사람은 별로 없을 것이다. 먼저 비어 있으면서 밝은 상태가 무엇인지가 모호하고, 그 다음 단계의 정연한 순서도 과연 가능한 것인지 의심스러울 수 있기 때문이다. 그러나 모든 과학사상이 그러했던 것처럼, 「천문훈」의 우주발생론 역시 철저하게 고대 중국인의 자연에 대한 경험에서 기원한 것이라는 점을 잊으면 안된다. 따라서 우리가 「천문훈」이 알려주는 우주 발생 과정을 역으로 읽어나간다면 오히려 쉽게 고대 중국인의 우주발생론을 이해할 수 있다. 먼저 그들은 이 세상에 존재하는 만물에 대한 경험과 관찰, 특히 농경생활의 경험으로부터 사시를 추론한다. 예를 들면 봄에는 대지에 온갖 식물들이 생겨난다. 그리고 여름에는 그것들이 성장을 거듭하고, 가을에는 씨앗을 맺고 마침내 겨울이 되면 시들고 죽어간다. 다시 말해 사계절이 분명한 온대 기후에 살았던 고대 중국인은 봄, 여름, 가을, 겨울이라는 시간적 메커니즘 속에서 만물이 태어나고 성장하고 쇠퇴해가는 과정을 경험했다는 것이다. 따라서 그들은 만물이 사시라는 시간적 질서 속에서 생성된다고 주장할 수 있었다.

고대 중국인들이 다음으로 직면했던 문제는 사시를 설명해내는 방식이었다. 그들은 사시를 차가움과 따뜻함의 적절한 배열로 이해하려고 했다. 이 차가움과 따뜻함의 조합과 배열로 사시를 설명하면서 그들은 음양 논리를 채택하게 되었던 것이다. 따라서 여름은 양이 음보다는 훨씬 많은 계절이고, 겨울은 양보다는 음이 훨씬 많은 계절이라고 이해한 것이다. 그렇다면 음양 논리는 어떻게 설명할 수 있을까? 고대 중국인들은 이 부분에서 『주역』의 '건괘(乾卦 : ☰)'와 '곤괘(坤卦 : ☷)'의 역할에 주목하게 된다. 음과 양이 교차해서 만들어지는 모든 변화들은 기본적으로 순수한 음과 순수한 양이 교차하여 배열됨으로써 설명되는 것이다. 그래서 그들은 순수한 양을 상징하는 하늘(건괘)과 순수한 음을 상징하는 땅(곤괘)을 도입했던 것이다.

그러나 왜 순수한 양과 순수한 음은 서로 상호작용하는가? 바로 이런 질문에 대답하기 위해서 고대 중국인들은 기의 역동성을 도입할 수밖에 없었다. 그들의 생각에 따르면 기에는 '맑고 밝은 것'과 '무겁고 탁한 것'이 있다. 전자의 기는 상승하여 하늘[天]이 되고 후자의 기는 하강하여 땅[地]이 되지만, 기본적으로 하늘과 땅은 역동적인 기의 다양한 양태들에 불과한 것이다. 따라서 하늘과 땅은 기가 가진 역동성을 모두 지니고 있기 때문에 서로 상호작용할 수 있다는 것이다. 그런데 여기서 흥미로운 것은, 고대 중국인이 기라는 순수한 운동성을 마지막으로 하여 자신들의 현란한 사유를 마무리하지는 않았다는 점이다. 그들은 기라는 실체도 최종적으로는 '우주(宇宙)'에서부터 생성되었다고 생각한다.

고대 중국에서 우주는 일종의 시공간적인 장을 의미한다. '우주'의 '우(宇)'가 사방과 상하로 표현되는 공간을 뜻한다면, '주(宙)'는 과거와 현재로 표현되는 시간을 뜻했기 때문이다. 결국 '우'는 기의 역동성이 전개되는 장소인 공간을, '주'는 기의 역동성으로 발생하는 생성과 그로부터 드러나는 시간의 변화를 상징한다. 그러나 기의 역동성이 전개되는 공간과 시간은 분리된 것일 수가 없다. 그래서 그들은 우주라는 단계 위에 '비어 있으면서 동시에 밝은 상태'를 내놓은 것이다. 여기서 '비어 있다'는 것이 아직 어떤 구체적인 개별자도 탄생하지 않아서 비어 있는 절대적 공간을 의미한다면, '밝다'는 것은 그것이 절대적인 무(無)의 상태가 아니라 에너지로 가득한 역동적인 상태를 의미한다. 결국 '비어 있으면서 동시에 밝은 상태'가 '우주'를 발생시켰다고 주장할 때, 고대 중국인에게 '비어 있으면서 동시에 밝은 상태'란 결국 '우주'의 성격을 규정하기 위해서 도입된 것이라고 할 수 있다.

이제 「천문훈」의 우주발생론이 첫인상처럼 모호하지는 않을 것이다. 중요한 것은 고대 중국인이 자신들의 우주론적 사변을 사계절 가운데 탄생·성장·소멸하는 사물에 대한 경험에서부터 출발시켰다는 점이다. 이로부터 그들은 사시, 음양(또는 오행), 기라는 범주를 이용하여 '비어 있으면서 동시에 밝은 상태'인 '우주'에까지 이른다. 그리고 그들은 이것을 거꾸로 세워서 '비어 있으면서 동시에 밝은 상태'에서부터 '만물'이 어떻게 발생했는지를 재구성했다. 바로 그 결과가 「천문훈」 편에서 전개되는 우주발생론이었던 셈이다. 서한시대의 우주발생론은 사실 그 자체로도 흥미롭다. 그러나 여기서 더욱 중요한 점은 이런 우주발생론이 자연과 인간에 대한 조망에 엄청나게 영향을 미친다는 점이다. 그것이 바로 그 뒤 동양의 과학사상이나 철학사상에 큰 영향을 미치는 유기체적 세계관이다.

하늘의 도는 원이고 땅의 도는 네모이다. 네모는 어둠을 주관하고 원은 밝음을 주관한다. 밝음은 기를 토하는 것이다. 그러므로 불은 바깥이 밝은 것이다. 어둠은 기운을 머금은 것이다. 그러므로 물은 안이 밝은 것이다. 기운을 토하는 것은 낳고 기운을 머금은 것은 성장시킨다. 그러므로 양은 만물을 낳고 음은 만물을 성장시킨다. 하늘의 치우친 기운으로서 노한 것은 바람이 되고, 땅의 품은 기운으로서 온화한 것은 비가 된다. 음양이 서로 감응하면 천둥이 만들어지고 서로 충돌하면 번개가 만들어지며 서로 뒤섞이면 안개가 만들어진다. 양기가 이기면 확산되어 비나 이슬이 내리고, 음기가 이기면 응결되어 서리나 눈이 내린다. 털과 날개가 있는 것들은 날아다니는 부류인데 이것들은 양에 속하고, 껍질과 비늘이 있는 것들은 동면하는 부류인데 이것들은 음에 속한다. 해는 양의 주인이다. 그러므로 봄이나 여름에는 모든 짐승들의 묵은 털이 빠지고 하지에는 고라니와 사슴의 뿔이 각각 빠진다. 달은 음의 주인이다. 그러므로 달이 기울면 물고기의 뇌가 줄어들고 달이 사라지면 조개의 살이 마르게 된다. 불은 위로 타올라가고 물은 아래로 흐른다. 새는 날아 높이 올라가고 물고기는 움직여 내려간다. '사물들은 부류끼리 서로 움직이고(物類相動) 근본과 말단은 서로 상응한다(本標相應).'

『회남자』「천문훈」

'맑고 밝은' 기로 만들어진 하늘〔天〕과 '무겁고 탁한' 기로 만들어진 땅〔地〕은 각각 양기와 음기를 발산한다. 그래서 하늘과 땅 사이의 세계는 양기와 음기가 충돌하고 부딪치는 역동적인 공간이 된다. 고대 중국인은 하늘과 땅 사이에서 발생하는 양기와 음기가 충돌하여 번개가 발생하고, 양기와 음기가 섞여서 안개가 만들어진다고 생각했다. 그러나 번개나 안개만이 아니라, 모든 생명체 역시 음양이라는 기의 움직임에 따라 규정된다. 이것은 앞에서 살펴본 우주발생론의 자연스런 귀결이기도 하다. 만물은 모두 기, 음양, 오행(또는 사시)의 규정을 받기 때문이다. 그러므로 이 세계 속에 존재하는 것은 모두 예외 없이 음과 양이라는 대립적인 두 힘을 갖추고 있다. 『주역』의 64괘가 상징하는 것처럼, 모든 존재는 음양이라는 대립된 두 힘이 배열되는 양상에서 차이를 보일 뿐이다. 어떤 것은 음의 힘이 양의 힘보다 강할 수 있고, 또 어떤 것은 양의 힘이 음의 힘보다 강할 수 있다. 더구나 전자의 경우도 음의 힘이 양의 힘보다 얼마나 강한가에 따라 다양한 차이를 보일 수 있다.

여기서 고대 중국인은 흥미로운 주장을 하나 내세운다. 즉 음의 힘을 강하게 띠는 것은 자신과 마찬가지로 음의 힘을 띠는 것과 서로 영향을 주고받는다는 것이다. 이것은 양의 힘을 강하게 띠는 경우에도 마찬가지다. 이런 생각에 따라 그들은 양의 부류에 드는 것과 음의 부류에 드는 것을 서로 나누었다. 비나 이슬, 태양, 불, 털과 날개가 있는 동물은 모두 양의 부류에 속하고, 서리나 눈, 달, 물, 껍질과 비늘이 있는 동물은 모두 음의 부류에 속한다. 현대인들은 이런 분류법에 대해서도 역시 당혹스러울 것이다. 하지만 이런 분류법 역시 고대 중국인의 자연에 대한 구체적이고 일상적인 경험에서 온 것이다.

그들에게 양이라는 범주는 기본적으로 '따뜻함', '팽창', '상승' 등의 의미가 있다면, 음이라는 범주는 '차가움', '수축', '하강' 등의 의미가 있다. 비나 이슬은 서리나 눈과 달리 따뜻할 때 생긴다. 이런 관찰을 기초로 하여 비나 이슬은 양의 부류에, 서리나 눈은 음의 부류에 속하게 되었다. 불은 위로 타오르기 때문에 양의 부류에 속하고, 물은 아래로 흐르기 때문에 음의 부류에 속한다. 또한 털이 달린 짐승은 따뜻한 봄과 여름에 나오고 겨울에는 숨기 때문에 양의 부류에 속한다고 보았다. 나아가 날개가 달린 동물, 즉 새들은 하늘로 날아오른다. 새들은 이렇게 상승 운동을 하기 때문에 양의 부류에 속하게 된 것이다.

방금 살펴본 것처럼 털 달린 짐승, 비나 이슬, 새들은 모두 동일한 조건 즉, 따뜻한 절기에 함께 나타난다. 그래서 고대 중국인은 "사물은 부류끼리 서로 움직인다(物類相動)"고 결론 내린 것이다. 음의 사물은 음의 부류끼리, 양의 사물은 양의 부류끼리 움직이고 활동한다는 결정적인 증거로 그들은 태양과 달을 생각해냈다. 낮을 지배하는 태양은 양의 부류를 지배하는 것이고, 밤을 지배하는 달은 음의 부류를 지배하는 것으로 설명된다. 이런 추론 끝에 그들은 '근본과 말단은 상응한다(本標相應)'는 결론을 내린다. 이 결론은 다음과 같이 설명할 수도 있다. 즉 사계절로는 봄이나 여름, 하루로는 낮과 같이 태양이 지배적인 경우, 양의 부류는 서로 모여서 활동한다. 그런데 가을이나 겨울, 밤과 같이 달이 지배적인 경우, 음의 부류가 서로 모여서 활동한다는 것이다.

'사물은 부류끼리 서로 움직이고(物類相動) 근본과 말단은 상응한다(本標相應)'는 원리는 이런 방식에 따라 비로소 유기체적 세계관의 기초가 되었다. 유기체적 세계관이란 마치 이 세계를 하나의 생명체처럼 보는 견해이다. 이 견해에 따르면 마치 우리 몸에서 손이나 발, 심장과 폐가 서로 밀접하게 관련되어 있다고 여기듯 세계 속의 모든 현상과 사물도 서로 연결되어 있을 수밖에 없다. 고대 중국인은 자기 특유의 유기체적 세계관을 음양의 논리에 따라 전개했을 뿐만 아니라, 오행의 논리로도 확장했다. 음의 사물이 음의 부류끼리, 양의 사물이 양의 부류끼리 움직이고 활동하는 것과 마찬가지로, 나무[木]에 속하는 사물은 나무의 부류끼리, 불[火]에 속하는 사물은 불의 부류끼리 움직이고 활동한다는 것이다. 예를 들어 나무[木]에 속하는 것들, 즉 창룡이라는 별자리, 동쪽 방향, 봄이라는 계절, 바람이라는 기후, 농업이라는 인간행위, 비장이라는 신체 장기 등은 서로 함께 움직이고 활동하는 것으로 분류했다.

오행에 입각해서 전개되는 유기체적 세계관이 중요한 이유는, 이것이 고대 중국인의 천문학, 지형학, 인간학, 시간론에 결정적인 영향을 미쳤기 때문이다. 유기체적 세계관에 따르면 천문학은 지형학, 인간학, 시간론과 분리해서 다룰 수 없다. 창룡이라는 별자리에서 관찰된 천문 현상은 동쪽 지역의 특성, 봄이라는 기후, 농업이라는 인간행위, 비장이라는 신체장기의 기능과 직접적인 관련이 있다고 보았기 때문이다.

'하늘의 문자[天文]' 풀어내기

유기체는 기본적으로 조화와 균형의 원리에 따라 작동한다. 운동을 하면 체온은 상승한다. 체온이 정상 온도인 36.5℃를 넘으면, 몸은 스스로 땀을 내서 열을 발산하는데, 그것은 신체의 정상 온도를 유지하려는 자연스러운 반응이다. 결국 땀이 나는 것은 인간의 체온이 정상 이상의 온도로 상승했다는 것을 말해준다. 이와 마찬가지로 전체 세계를 하나의 유기체로 보았던 고대 중국인에게 세계의 어느 부분이나 요소가 이상 징후를 나타낸다면, 그것은 전체 세계를 지탱하는 조화와 균형의 원리가 훼손되고 있다는 것을 의미한다. 따라서 그들은 천문에 대한 관심이 많을 수밖에 없었다. 천문(天文)은 글자 그대로 '하늘의 문자'

또는 '하늘의 메시지'였기 때문이다.

> 군주의 실정은 위로 하늘에 통한다. 그러므로 군주가 잔혹하
> 게 정치를 하면 사나운 바람이 많아지고, 군주가 법령을 잘못
> 시행하면 해충들이 많이 생기며, 군주가 죄 없는 사람을 죽이
> 면 국가에 커다란 가뭄이 들고, 군주가 때에 맞게 시령(時令)을
> 실시하지 않으면 심한 비가 많아진다. 네 계절[四時]은 하늘의
> 관리이고 해와 달은 하늘의 사신이며, 별들은 하늘의 모임이
> 고 무지개와 혜성은 하늘의 징조이다.
>
> 『회남자』「천문훈」

 이 구절은 고대 중국인의 종교관을 피력하는 것처럼 보인다.
즉 그들은 하늘에 초월적인 신이 있어서 인간의 삶을 감시하고
지배한다고 믿은 것처럼 보인다. 그러나 사실 이 구절은 유기체
적 세계관을 종교적인 외관으로 포장한 것이다. 사실 이 구절에
서 가장 중요한 대목은 하늘의 변화가 인간의 행동으로 촉발된
다는 관념이다. 이것은 결국 하늘의 변화를 촉발한 원인이 인간
에게 있다는 것을 뜻한다. 유기체에서는 어떤 부분의 변화가 전
체의 변화를 야기하고, 나아가 전체의 변화가 유기체의 다른 모
든 부분의 변화를 가져온다. 그렇기 때문에 그들은 전체 세계 속
의 작은 부분에 지나지 않는 인간이 전체 세계의 균형을 깰 때,
그것은 전체 세계의 불균형을 초래하고 결국 그 징후가 하늘의
변화를 통해 나타난다고 생각한 것이다.
 그러나 다음과 같은 경우를 한번 생각해보자. 인간은 군주를

중심으로 전체 세계와 조화롭게 살고 있다. 그런데 어느 날 하늘의 행성이 정상으로 움직이지 않는다면 어떻게 될까? 유기체적인 세계관에 따른다면, 이 경우에도 인간 세계를 포함한 전체 세계는 행성의 변화에 영향을 받게 된다. 따라서 인간은 자신의 행동이 전체 세계와 조화롭게 영위되는지 끝없이 반성해야 할 뿐만 아니라, 아울러 인간 세계 밖의 자연 세계의 변화에도 지속적으로 관심을 기울여야 한다. 아무리 전체 세계와 조화로운 삶을 유지한다고 할지라도, 하늘의 행성이 조화를 어긴다면 인간 세계는 어쩔 수 없이 막대한 피해를 입을 수밖에 없기 때문이다. 이런 이유로 고대 중국인은 '행성의 위치 변화', 즉 '하늘의 문자'를 그렇게도 중시했던 것이다.

화성은 …… 무도한 제후국들을 다스리기 위해 혼란을 만들고, 상해를 일으키며, 질병을 만들고, 죽음을 이루며, 기아를 만들고, 전쟁을 만드는데, 그 출입하는 것이 항상 일정하지 않고 빛을 변화시켜 어떤 때는 나타나고 어떤 때는 숨는다. 토성은 …… 마땅히 있어야 할 곳에 있지 않으면 (토성에 상응하는) 제후국은 땅을 잃게 될 것이다. 또한 토성이 아직 있어서는 안 될 곳에 있으면 그 제후국은 땅을 늘리게 될 것이고, 이 해에는 풍년이 들 것이다. …… 금성이 제때 나타나지 않거나, 아직 사라져서는 안 되는데 사라진다면, 천하의 모든 곳에서 전쟁이 종식될 것이다. 그러나 금성이 사라져야만 하는데 사라지지 않거나, 아직 나타나지 않아야 하는데 나타난다면 천하의 모든 곳에서 전쟁이 발생하게 될 것이다. 수성은 사계절을 바로잡는다. …… 수성이 사계절 중 어느 한 계절에 나타나지 않는다면 이 계절에는 조화가 깨지게 될 것이다. 만약 수성이 사계절 동안 한 번도 나타나지 않는다면 천하의 모든 곳에 큰 기근이 들 것이다.

『회남자』「천문훈」

이처럼 고대 중국인은 행성의 운행을 관찰함으로써 인간 세계의 변화를 예측할 수 있다고 믿었다. 이것은 행성의 운행이 인간 세계와 밀접하게 관련되어 있다는 그들의 유기체적 세계관의 당연한 귀결이라고 할 수 있다. 그러나 여기서 눈여겨보아야 할 것은 행성의 어떤 운동을 정상적이지 않은 운동으로 인식하기 위해서는, 무엇보다도 먼저 행성의 정상적인 운동이 어떤 것인지에 대한 명확한 기준이 있어야 한다. 다시 말해서 고대 중국인은 유기체로서 전체 세계 속에서 가장 완벽하고 조화로운 행성의 운행에 대한 모델을 가지고 있어야만 했다는 것이다. 그것이 바로 오행론에 입각한 하늘 또는 행성의 모델이었다.

동방은 나무〔木〕로서, 이곳을 맡은 통치자는 태호(복희씨)이며 그 보좌역은 구망인데 컴퍼스를 잡고 봄을 다스린다. 이곳의 신은 세성(목성)이며 여기에 속하는 짐승은 청룡, 여기에 속하는 음은 각(角), 여기에 속하는 날은 갑(甲)과 을(乙)이다. 남방은 불〔火〕로서, 이곳을 맡은 통치자는 염제(신농씨)이며 그 보좌역은 주명인데, 수평기를 잡고 여름을 다스린다. 이곳의 신은 형혹(화성)이며 여기에 속하는 짐승은 주작, 여기에 속하는 음은 치(徵), 여기에 속하는 날은 병(丙)과 정(丁)이다. 중앙은 흙[土]으로서, 이곳을 맡은 통치자는 황제이며 그 보좌역은 후토인데, 줄을 잡고 사방을 다스린다. 이곳의 신은 진성(토성)이며 여기에 속하는 짐승은 황룡, 여기에 속하는 음은 궁(宮), 여기에 속하는 날은 무(戊)와 기(己)이다. 서방은 쇠[金]로서, 이곳을 맡은 통치자는 소호(황제의 아들)이며 그 보좌역은 욕수인데, 직각자를 잡고 가을을 다스린다. 이곳의 신은 태백(금성)이며 짐승은 백호, 음은 상(商), 날은 경(庚)과 신(申)이다. 북방은 물[水]로서, 이곳을 맡은 통치자는 전욱(황제의 손자)이며 그 보좌역은 현명인데, 저울을 잡고 겨울을 다스린다. 이곳의 신은 진성(수성)이며 여기에 속하는 짐승은 현무, 음은 우(羽), 날은 임(壬)과 계(癸)이다.

『회남자』「천문훈」

지나치게 복잡하고 어려워 보이지만, 결국 이 모든 것은 오행의 범주로 환원되어 간단하게 설명할 수 있다. 고대 중국인이 생각한 하늘의 조화로운 질서를 선명하게 이해하기 위해, 다음과 같이 표를 하나 만들어보자.

방위	동쪽	남쪽	중앙	서쪽	북쪽
오행	나무[木]	불[火]	흙[土]	쇠[金]	물[水]
통치자	복희씨	신농씨	황제	소호	전욱
통치자의 보좌	구망	주명	후토	욕수	현명
통치수단	컴퍼스	수평기	줄	직각자	저울

계절	봄	여름	–	가을	겨울
행성	목성	화성	토성	금성	수성
짐승	청룡	주작	황룡	백호	현무
음(音)	각(角)	치(徵)	궁(宮)	상(商)	우(羽)
날[天干]	갑·을	병·정	무·기	경·신	임·계

밤하늘을 올려다보면, 하늘을 다섯 등분할 수 있다. 머리 위에 있는 구역이 '가운데 하늘'이라면, 나머지 네 방향의 하늘은 각 각 '동쪽 하늘', '서쪽 하늘', '남쪽 하늘', '북쪽 하늘'이다. 우리가 서늘한 가을날 밤에 하늘을 관찰하고 있는 고대 중국인이 되었다고 상상해보자. 우리는 흥미로운 현상을 밤하늘에서 관찰하게 된다. 보통 때 같으면 지금 이 시간에 금성이 사라져야 하는데 사라지지 않고 여전히 있다. 오히려 사라질 기미를 보이지 않고 우리를 조롱하듯이 싸늘한 빛을 발한다. 그렇다면 우리는 곧 이 세상에 전쟁이 일어날 것이라고 예측할 수 있다. 금성은 쇠와 가을을 상징하는 행성이기 때문이다. 여기서 '쇠'는 무기를 상징하며, '가을'은 모든 살아 있는 것들이 시드는 시기이므로 죽음을 상징한다. 계절이 바뀜에 따라 우리가 눈여겨봐야 할 행성도 바뀐다. 봄에는 목성을 눈여겨봐야 하고, 여름에는 화성을, 가을에는 금성을, 겨울에는 수성을 눈여겨봐야만 한다. 왜냐하면 계절마다 그 시기를 주도하는 행성이 따로 정해져 있기 때문이다.

정상적이라면 분명 겨울의 모든 일은 수성의 지배를 받으니 수성의 거동에 따라 영향을 받는다. 그러나 화성이나 목성, 금성이 수성의 빛을 가린다면, 이것은 오행의 질서 자체를 요동치게 만들고, 궁극적으로는 인간 세계에 생각하지 못했던 피해를 줄

것이다. 이처럼 고대 중국인의 천문학은 기본적으로 일종의 점성술이었다. 이 점성술의 핵심은 오행을 중심으로 하는 계열적 사고라고 할 수 있다. 방위, 시간, 행성 등 모든 차원은 오행이라는 구조를 동시에 갖고 있고, 나무, 불, 흙, 쇠, 물이라는 오행의 요소는 시간의 변화에 따라 주도권을 쥔다. 예를 들어 나무의 계열에 속하는 것은 서로 영향을 주고받으며, 하나의 지배적인 현상으로 드러난다. 그래서 동쪽, 나무, 봄, 컴퍼스, 각(角)음, 청룡, 목성 등은 동시에 서로 영향을 주며 동시에 각 차원에서 출현한다. 그러나 나무 계열이 지배하는 봄에 차가운 기운이 생기거나, 목성의 운행에 이상이 생긴다면, 나무 계열에 속하는 모든 존재는 엄청난 동요에 빠진다. 바로 이런 동요를 예측하기 위해서, 고대 중국인은 '하늘의 문자'를 번역하려고 최선을 다했다. 결국 그들에게 오행은 바로 '하늘의 문자'일 뿐만 아니라, 모든 차원의 경험을 해석하는 데 적용된 보편적 문법이었던 셈이다.

신토불이(身土不二)의 인문지리학

고대 중국인은 밤하늘에 펼쳐진 하늘의 세계와 별의 세계를 오행의 논리로 구분했다. 그들에게 하늘을 중앙과 동서남북으로 나누는 것은 단순한 편의상의 구분만은 결코 아니었다. 중앙의 하늘은 동쪽 하늘이나 다른 하늘과는 질적으로 다른 하늘이었기 때문이다. 그곳은 전체 세계의 보편 문법이라고 생각되는 오행의 다섯 계열 가운데 '흙[土]'의 계열이 지배한다. 이것은 결국 중앙의 하늘이 다른 방향의 하늘과는 완전히 다른 공간이라는 것을 함축한다. 이 점에서 우리는 고대 중국인의 공간 이해를 '질적인 공간관'이라고 부를 수 있다. 지금은 어느 누구도 이런 질적인 공간관으로 하늘을 이해하지 않는다. 어떤 사람이 '동쪽에 있는 별이 우리에게 영향을 주는 것은 서쪽에 있는 별이 그런 것과는 다르다'고 주장한다면, 우리는 아마 그 사람을 비웃거나 이상한 사람이라고 여길 것이다. 더구나 가운데 하늘이나 동서남북의 하늘이라는 발상도 결국 관찰자가 서 있는 위치에 따라 변하기 때문에 주관적인 생각일 수밖에 없다. 그렇다면 오늘날에 와서 '질적인 공간관'은 완전히 폐기되어야 하는 낡은 사유, 비과학적이고도 미신적인 사유라고 규정해도 좋을까? 분명 하늘과 인간의 상호작용을 설명하기 위해서 고대 중국인이 사용한 '질적인 공간관'은 적절치 않은 미신이었다고 말할 수도 있다. 그런데 땅과 인간의 상호작용을 설명하려고 그들이 땅에 적용했던 '질적인 공간관'마저도 과연 미신이었다고 할 수 있을까? 그렇다면 지금도 사용하는 '풍토병(風土病)'이란 개념 역시 미신이라고 거부해야 하지 않을까?

풍토는 각 지역의 특이성을 인정해야만 의미가 있다. 다시 말해서 '질적인 공간관'이 전제되어야만 풍토라는 말이 의미가 있다는 말이다. 예를 들어 히말라야 고산 지역에 사는 사람과 평지에 사는 사람은 생활양식이나 육체적 조건 등이 모두 다르다. 그곳 사람들을 만나기 위해 히말라야를 급히 오른다면, 우리는 4천 미터 높이의 고도에서 어쩔 수 없이 고산증에 시달릴 것이다. 이 경우 심하면 죽을 수도 있는 위험에 처한다. 그러나 고산지역 사람들은 그 누구도 4천 미터에서는 고산증에 걸리지 않을 뿐 아니라 결코 죽음의 위험에 처하지도 않는다. 이것은 무엇을 말하는 걸까? 인간은 자신이 사는 환경에 적응하여 살기 때문에, 환경과 인간은 떼려고 해도 결코 뗄 수 없는 유기적 관계를 맺고 있다는 사실이다. 우리는 여기서 '신토불이(身土不二)'라는 말을 떠올리게 된다. 이 말은 농수산물 개방에 맞서기 위해 우리나라 농업 관계자들이 만들어낸 것인데, 말 그대로 '인간의 몸과 땅이 둘이 아니다'라는 의미가 있다. 다시 말해 특정한 환경이나 토양에서 자라난 사람은 그곳의 환경에서 자란 식물이나 동물을 영양분으로 섭취하면서 적응해왔기 때문에, 인간과 땅이 하나의 유기체 같은 관계에 놓여 있다는 말이다.

『회남자』에 실려 있는 「지형훈」 편이 중요한 이유도 바로 여기에 있다. 이 편은 서한시대에 알려져 있던 각 지역의 특성과 그 지역에 살고 있는 인간과 동물의 특성, 즉 풍토와 인간의 관계를 논의하기 때문이다. 이 점에서 「지형훈」 편은 일종의 인문지리학을 내세우는 저작이라고 할 수 있다. 「천문훈」에서 하늘과 인간의 유기적 관계를 논할 때 오행론을 사용한 것과 마찬가지로, 「지형훈」 편도 풍토와 인간의 유기적 관계를 논할 때 다시 오행의 논리를 적용했다.

> 동방은 계곡물이 흘러 들어가는 곳이자 해와 달이 뜨는 곳이다. 이곳 사람들은 몸이 날렵하고, 머리가 작으며, 코가 오뚝하고 입이 크다. 솔개 모양의 어깨로 발돋움하고 걸으며, 신체의 각 구멍은 눈과 통한다. 힘줄의 기운이 여기에 속한다. 푸

른색은 간을 주관하니 이곳 사람들은 장대하면서도 일찍 지혜가 열리지만 장수하지 못한다. 이곳의 땅에는 보리가 잘 자라고 호랑이와 표범이 많이 산다. 남방은 양기가 쌓이는 곳이자 덥고 습한 곳이다. 이곳 사람들은 몸이 길고, 머리가 날렵하며, 입이 크고, 눈이 찢어졌다. 신체의 각 구멍은 귀와 통하는데, 혈맥이 여기에 속한다. 붉은색은 심장을 주관하니 이곳 사람들은 일찍 장대해지나 젊어서 쉽게 죽는다. 이곳의 땅에는 벼가 잘 자라고, 외뿔소와 코끼리가 많이 산다. 서방은 높은 지대로 계곡물이 발원하며 해와 달이 진다. 이곳 사람들은 얼굴이 작고, 등이 굽었으며, 목이 길다. 우쭐대며 걷고, 신체의 각 구멍은 코와 통하며 가죽이 여기에 속한다. 흰색은 폐를 주관하니 이곳 사람들은 용감하기는 하지만 어질지 못한다. 이곳의 땅에는 수수가 잘 자라고, 야크와 외뿔소가 많이 산다. 북방은 어두워 하늘이 닫혀 차가운 얼음이 쌓이고, 벌레들이 숨어 지내는 곳이다. 이곳 사람들은 몸이 작고, 목이 짧으며, 어깨가 크고, 엉덩이가 처졌다. 신체의 각 구멍은 생식기와 통하며 뼈가 여기에 속한다. 검은색은 신장을 주관하니 이곳 사람들은 어리석지만 장수한다. 이곳의 땅에는 콩이 잘 자라고, 개와 말이 많이 산다. 중앙은 사방으로 뚫려 있어 바람이 통하고 비와 이슬이 모인다. 이곳 사람들은 얼굴이 크고, 턱이 짧으며, 수염이 아름답지만, 지나치게 뚱뚱하다. 신체의 각 구멍은 입과 통하며, 피부와 살이 여기에 속한다. 황색은 위장을 주관하니 이곳 사람들은 지혜롭고 성스러워서 정치를 좋아한다. 이곳의 땅에는 벼가 잘 자라고 소와 양을 비롯한 여섯 가지 가축이 많이 산다.

「지형훈」편은 서한시대 중국을 중심으로 해서 당시 여러 지역의 생태적 특성과 그곳에 살던 사람들의 생리학적 특성에 대한 자연사적 보고서라고 할 수 있다. 고대 중국인은 경험으로 얻은 여러 지역의 차이와 그로부터 영향을 받은 인간의 생리적 특성을 오행의 논리로 분류하고 체계화했다. 원문을 알기 쉽게 정리한 표를 함께 보자.

	동방	남방	중앙	서방	북방
지형적 특성	계곡물이 모이는 곳, 해와 달이 뜨는 곳	양기가 쌓이는 곳, 덥고 습한 곳	바람이 통하는 곳, 이슬과 비가 모이는 곳	높은 지역, 해와 달이 지는 곳	어둡고 얼음이 어는 곳
생장하는 농작물	보리	벼	벼	수수	콩
생장하는 동물	호랑이 표범	외뿔소 코끼리	소 양	야크 외뿔소	개 말
외형적 신체특징	날렵한 몸 작은 머리 오똑한 코	기다란 몸 날렵한 머리 큰 입 찢어진 눈	큰 얼굴 아름다운 수염 지나친 비만	작은 얼굴 굽은 등 기다란 목	왜소한 몸 짧은 목 큰 어깨 처진 엉덩이
발달된 감각기관	눈	귀	입	코	생식기
장기(臟器)의 특징	힘줄 간	혈맥 심장	살 위장	가죽 폐	뼈 신장
인간의 경향성	커다란 몸 무지함	빨리 성장 일찍 사망	지혜로움 정치적 인간	용맹한 성격 잔인함	어리석음 장수함

원문에서는 그 순서가 동방, 남방, 서방, 북방, 중앙으로 정리되어 있다. 그렇지만 오행의 순서에 맞추기 위해서 중앙을 가운데로 옮겨서 왼쪽과 같은 표로 다시 정리했다. 오행의 논리에 따라서 「지형훈」 편은 중국을 중심으로 삼아, 동서남북 여러 지역의 풍토와 인간에 대한 경험을 기록했다. 그렇다면 고대 중국인은 풍토와 인간이 어떻게 상호작용했기에 마치 하나의 유기체처럼 관계 맺고 있다고 본 것일까? 「지형훈」 편의 논의를 직접 들어보자.

> 지형은 동서가 위(緯)가 되고, 남북이 경(經)이 된다. 산은 얼음을 쌓은 것이고, 하천은 잘라냄을 쌓은 것이다. 높은 것은 삶을 다스리고, 낮은 것은 죽음을 다스린다. 언덕은 수컷을 다스리고, 골짜기는 암컷을 다스린다. 물이 둥글게 흐르는 곳에서는 구슬이 나오고, 네모지게 흐르는 곳에서는 옥이 나온다. 토지는 각각 자신의 부류[類]에 따라 사람을 낳는다. 그러므로 산의 기로 인해 남자가 많이 태어나고, 연못의 기로 인해 여자가 많이 태어난다. 제방의 기로 인해 벙어리가 많이 생기고, 바람의 기로 인해 귀머거리가 많이 생긴다. 숲의 기로 인해 다리가 마비된 사람들이 많이 생기고, 나무의 기로 인해 꼽추가 많이 생긴다. 해변의 기로 인해 피부병에 걸린 사람들이 많이 생기고 돌의 기로 인해 힘센 사람들이 많이 생기며, 가파르고 험한 지역의 기로 인해 갑상선에 병이 드는 사람이 많이 생긴다. 더운 지역의 기로 인해 일찍 죽는 사람들이 많아지고, 차가운 지역의 기로 인해 장수하는 사람들이 많아진다. 계곡의 기로 인해 팔다리가 저리는 사람들이 많아지고 언덕의 기로

인해 미친 사람들이 많아진다. 낮은 지역의 기로 인해 어진 사람들이 많아지고, 높은 지역의 기로 인해 탐욕스러운 사람들이 많아진다. 가벼운 토양으로 인해 날쌘 사람들이 많아지고 무거운 토양으로 인해 느린 사람들이 많아진다. 맑은 물은 소리가 적고 흐린 물은 소리가 크다. 급류 주변에 사는 사람들은 경망스럽고, 고요하게 흐르는 물가에 사는 사람들은 진중하다. 가운데 땅에는 성인들이 많이 생긴다. 이런 모든 것들은 그 기를 본받고 그 부류에 감응한 것이다.

『회남자』 「지형훈」

다양한 풍토와 그곳의 사람들에 대한 경험적 관찰을 통해서, 고대 중국인은 풍토와 인간의 상호작용을 발견하고 그것을 기(氣)의 감응논리로 설명한다. 특히 흥미로운 것은 지형적 특색을 띤 기가 기본적으로 음양이라는 두 대립된 힘의 논리로 분류되고, 이에 따라 풍토와 인간의 관계가 설명된다는 점이다. 앞에서 살펴보았듯이 양이 '따뜻함', '상승', '높음', '건조함', '발산'과 관계된다면, 음은 이와 반대로 '차가움', '하강', '낮음', '습함', '응축'과 관련된다. 따라서 따뜻한 지역, 높은 지역, 건조한 지역은 '양'의 기운을 발생시키고, 반대로 차가운 지역, 낮은 지역, 습한 지역은 '음'의 기운을 발생킨다. 그리고 지형의 기운은 그곳에 사는 사람들의 생태와 생리를 변화시킨다.

원문을 살펴보면 고대 중국인이 음양이라는 서로 다른 기운이 지닌 신비한 영향력을 얼마나 맹신했는지 잘 보여주는 구절이 하나 있다. "산의 기로 남자가 많이 태어나고, 연못의 기로 여자가 많이 태어난다." 즉 높고 건조한 산은 '양'의 기운을 내는데, 이런 지역에서는 양의 기운을 받은 남자가 많이 태어난다. 반면 낮고 습한 연못은 '음'의 기운을 내는데, 이런 지역에서는 음의 기운을 받은 여자가 많이 태어난다는 것이다. 그러나 이런 관계는 결코 필연적이지도 과학적이지도 않은 피상적 믿음에 근거할 뿐이다.

위의 원문은 풍토와 인간의 상호작용을 기의 감응(感應)으로 설명하고 나서 갑자기 물이 인간에게 미치는 영향에 대해 논의했다. 이 부분이 우리의 눈길을 끄는 이유는 「지형훈」편의 이 작은 대목이 그 뒤 동양인의 삶에 엄청난 영향을 미친 풍수(風水) 또는 풍수지리학의 모태가 되었기 때문이다. 물과 인간의 상호작용에 대한 믿음은 오늘날까지도 유행하는 현상 가운데 하나다. 일례로 우리나라 사람들의 달마 그림에 대한 믿음을 들 수 있다. 최근까지 달마 그림을 찾는 많은 사람들은 달마 그림을 집에 두면, 수맥이 주는 나쁜 영향을 막을 수 있다고 생각하고 있다. 풍수는 대개 좋은 묏자리를 찾아서 후손의 행복을 보장하려는 의도로 나타났다고 생각한다. 그렇지만 원래 풍수지리학은 글자 그대로 거대한 생태학적 인문지리학의 하나로 구상된 것이다. 풍수의 '풍(風)'이 하늘[天]의 작용이나 하늘의 기를 상징하고, '수(水)'가 땅의 작용이나 땅의 기를 상징하는 것도 바로 이런 이유에서이다.

하늘과 땅에 적용된 고대 중국인의 '질적인 공간관'은 현대의 상식으로는 이해되지 않는 측면이 많이 있다. 그러나 그들의 '질적인 공간관'이 현대에 와서 다시 부각되는 이유는, 이 공간관을 지탱하는 신념이 기본적으로 유기체적 세계관이기 때문이다. 다시 말해서 하늘도 땅도 인간과 항상 서로 영향을 주고받는다는 것이다. 과연 누가 이런 자명한 사실을 부정할 수 있을까? 분명히 이것은 하늘과 땅을 단순한 무생물로 보는 근대 자연과학적 신념과는 확연히 다른 것이었다. 고대 중국인에게는 하늘도 땅도 살아 있는 생명이었다. 예를 들어 간척사업을 하거나 댐을 세울 때, 우리는 단순히 그것이 인간에게 가져다주는 현재의 이익만을 따진다. 그러나 땅이나 그 위, 그 속으로 흐르는 물은 미세한 변화만 있어도 우리가 예상하지 못하는 많은 영향을 미칠 수 있다. 심각한 것은 이런 영향 가운데 일부분은 땅 위에 사는 인간의 삶이나 다른 생물의 삶에 치명적인 해를 끼칠 수도 있다는 점이다. 그래서 많은 사람들은 동양 전통 사상에서 현대 물질문명의 대안을 찾으려고 노력한다.

그러나 우리가 여기서 잊지 말아야 할 것이 하나 있다. 고대 중국의 과학사상은 '소박할' 뿐만 아니라 '미신적'인 측면 역시 있었다는 점이다. '소박하다'는 것은 그들의 과학사상이 자연에 대한 질적인 경험을 그대로 추상화했다는 것을 의미한다. 또한 '미신적'이라는 것은, 그들의 소박한 경험이 반증 가능한 형식으로 이론화·체계화되지 못했을 뿐만 아니라, 과도한 유비에 따라 만들어진 음양오행론으로 신비화되었다는 것을 의미한다. 이 점에서 그들은 자연과 인간의 상호작용을 잘 관찰했지만, 그것을 검증 가능한 방식으로 이론화하거나 법칙화하지는 못했다고 할 수 있다. 단지 그들은 종교적인 오행의 논리로 자연과 인간의 상호작용을 설명했을 뿐이다.

그러나 과학사상에서 중요한 것은 결국 개선 가능한 방식으로, 즉 검증 가능한 방식으로 이론화하고 또 그 이론을 재검증하고 수정하려는 노력이다. 그러므로 현대 자연과학의 성과를 원론적인 신념의 수준에서 거부하고 서양 문물이 들어오기 이전의 동양 전통 과학사상으로 회귀하려는 시대착오적인 움직임에 대해서 우리는 날카로운 경계의 눈초리를 결코 거둬서는 안 된다. 자연에 대한 고대 중국인들 경험에서부터 새로운 직관을 얻는 것은 상관없는 일이지만, 그들의 과학이론인 음양오행론을 영원한 진리인 것처럼 신봉하려고 해서는 안 되기 때문이다.

시간의 명령에 따르는 방법과 '수비학(numerology)'의 전통

다음에 살펴볼 「시칙훈(時則訓)」편이 중요한 이유는 바로 고대 중국인의 시간관을 가장 분명하게 보여주기 때문이다. 그것은 오행론에 입각해서 1년을 구성하는 열두 달을 질적으로 차이 나는 것으로 설명했고, 더 나아가 질적으로 차이 나는 열두 달 각각에 맞는 인간의 정치적 행위를 제안했다. 유기체적 세계관에 따르면 전체 세계의 부분으로서 인간의 행위는 전체 세계의 조화와 균형에 영향을 미칠 수 있다. 여기서는 「시칙훈」에 나오는 열두 달에 대한 설명 중 맹춘(孟春)이라는 첫째 달, 즉 음력 정월에 대해서만 알아보기로 하자.

1 맹춘의 달에는 초요(招搖)라는 별이 인(寅)을 가리키고 황혼

에는 삼(參)이라는 별이 남방 중앙에 있으며 아침에는 미(尾)라는 별이 남방 중앙에 위치한다. 이때의 위치는 동방이고 그날은 갑(甲)일과 을(乙)일이며 그 완전한 덕은 나무(木)에 있다. 이때의 벌레는 비늘이 있는 것들이고 소리는 각(角)이며 율은 태주(太簇)에 해당한다. 이때의 수는 8이며 맛은 신맛이고 냄새는 노린내에 해당한다. 제사 지내는 곳은 문쪽이고 제사에는 비장을 먼저 바친다. 동풍이 얼음을 녹이면 숨어 있던 벌레들이 처음으로 움직이면서 소생하고, 물고기는 위로 떠올라 얼음을 지고 수달은 잉어를 잡아먹고 기러기는 북쪽을 향한다.

② 천자는 푸른색 옷을 입고 푸른색 말을 타며 푸른색 옥을 차고 푸른색 깃발을 세운다. 또한 보리와 양을 먹고 여덟 방향의 바람으로부터 모아진 물을 마시며, 기목이라는 나무로 불씨를 일으켜 불을 땐다. 동궁의 궁녀들은 푸른색 문양으로 장식된 푸른 옷을 입고 거문고와 비파를 탄다. 이때에 해당되는 무기는 창, 가축은 양이다. 천자는 청양이라고 불리는 동향의 밝은 건물에 속해 있는 북쪽 방에서 신하들을 조회하여 봄의 정령을 내린다. 이때 천자는 덕과 은혜를 베풀어 신하들에게 포상하며 부역과 세금을 줄인다. 입춘에는 몸소 세 명의 정승, 아홉 명의 대신, 그리고 여러 대부들을 거느리고 동쪽 교외로 나가 봄을 맞이한다. 천자는 사당을 정리하여 귀신들에게 폐백을 바치며 복을 기원하는데, 희생물로는 수컷 짐승을 사용한다. 이때 천자는 벌목을 금지하고 새집을 부수거나 태아를 죽이거나 사슴 새끼를 죽이거나 알을 꺼내지 못하게 한다. 또한 천자는 (농사를 짓도록 하기 위해) 민중들을 모아 성곽을 세우

지 못하게 하며, 마른 뼈나 썩은 살들은 땅에 묻어 버린다.

3 맹춘에 여름의 정령을 시행하면 비바람이 때에 맞지 않게 몰아치고 초목이 일찍 떨어져서 도성 안에는 두려움이 가득 차게 된다. 또 맹춘에 가을의 정령을 시행하면 민중들은 커다란 전염병에 시달리며 폭풍우가 몰아치고 잡초가 무성하게 된다. 맹춘에 겨울의 정령을 시행하면 비가 너무 많이 와서 피해를 주며 서리와 우박이 쏟아져 농작물들이 여물지 않게 된다. 정월에는 노동을 관장하는 사공(司空)을 임명한다. 이 달에 해당하는 나무는 버드나무이다.

『회남자』「시칙훈」

고대 중국인은 12개월을 춘하추동(春夏秋冬) 네 계절로 나누어서 이해했다. 음력 정월에서부터 음력 12월까지 12개월을 사계절로 나누면, 각 계절에는 3개월이 할당된다. 그래서 봄에는 맹춘(孟春), 중춘(仲春), 계춘(季春)이란 세 달이 있고 여름에는 맹하(孟夏), 중하(仲夏), 계하(季夏)라는 세 달이 있으며, 가을에는 맹추(孟秋), 중추(仲秋), 계추(季秋)라는 세 달이 있고 마지막으로 겨울에는 맹동(孟冬), 중동(仲冬), 계동(季冬)이라는 세 달이 있게 된다. 음력 정월, 즉 맹춘(孟春)의 달을 기록하고 있는 위의 문헌은 크게 세 부분으로 나누어 살펴볼 수 있다.

먼저 1은 전형적인 오행 논리로 맹춘의 달을 규정한 것이다. 어차피 맹춘도 봄에 속하는 달이기 때문에, 봄을 규정하는 '나무〔木〕'의 덕에 따라 규정될 수밖에 없기 때문이다. 따라서 '나무'라는 계열이 맹춘의 달에도 그대로 따라온다. 방향으로는 동쪽,

날짜로는 갑과 을, 벌레로는 비늘이 있는 것들, 음으로는 각(角), 수는 8, 맛으로는 신맛, 냄새로는 노린내, 제사 지내는 곳으로는 문, 장기로는 비장, 색으로는 푸른색, 농작물로는 보리, 동물로는 양 등이 바로 그것이다. 앞에서 살펴보았듯이 '나무'의 계열에 속하는 것들은 서로 감응하여 상호작용한다. 그래서 맹춘의 달에 제사를 지낼 때 문에서 지내지 않거나 제사의 희생물로 비장을 먼저 바치지 않는다면, 제사는 전혀 효험이 없게 된다.

다음 2 는 맹춘의 달에서 인간의 행위, 특히 당시의 정치제도에 따르면 최고 통치자인 천자가 정치를 어떻게 해야 하는지 엄격하게 규정했다. 이 가운데 흥미로운 것은 맹춘의 달에 수행되어야 하는 천자의 정치 행위가, 기본적으로 농경사회에서 봄이라는 계절이 가지던 의미와 밀접히 연관되어 있다는 점이다. 그래서 "천자는 벌목을 금지하고 새집을 부수거나 태아를 죽이거나 사슴 새끼를 죽이거나 알을 꺼내지 못하게 한다"는 권고가 가능했던 것이다.

『회남자』에서는 달마다 행해야 하는 정치행위를 '시칙(時則)', 즉 '시간의 칙령'이라 부르고, 『예기(禮記)』에서는 '월령(月令)', 즉 '각 달에 실시해야 할 명령'이라 부르기도 한다. '시칙' 또는 '월령'에서 주목해야 할 것은 각 달에 천자가 해야 할 정치행위가 기본적으로 그 당시 농업기술과 관련되어 규정되었다는 점이다. 반대로 '월령'은 그 당시 농업기술과 관련된 정책을 12개월에 따라 배당함으로써 만들어진 것이다. 기억해두어야 할 것은 '시칙'과 '월령'의 논리가 천자의 역능을 상징하지만 동시에 그의 권한을 제한하고 있다는 점이다. 이점은 곧 분명해질 것이다.

마지막으로 ③은 맹춘의 달인 봄에, 나머지 세 계절인 여름, 가을, 겨울에 맞는 정치를 행할 때 생기는 불균형과 부조화의 현상에 대해 설명했다. 이 부분은 천자가 오행의 원리에 맞게 정치해야 한다는 것을 강조하기 위해서 경계하고 협박하려는 의도가 있다. 그러나 다른 한편에서 보면 당시 하지 못하는 일이 없는 천자의 권력을 견제하기 위한 정치적 의도도 들어 있는 것으로 보인다. 자연계나 인간계에 불균형과 부조화의 현상이 발생한다면, 그것을 통치자의 정치 행위 탓으로 돌릴 수 있는 논리적 근거가 마련되었기 때문이다. 각 달에 있는 질적인 특성과 그에 걸맞은 정치 행위를 기술한 뒤 「시칙훈」 편이 ③의 경고를 전체적으로 반복하여 다시 정리하는 것도 바로 이런 이유에서일 것이다.

12개월	농사와 관련된 임무	일반 정치행위
맹춘(음력 1월)	벌목을 금지한다.	요역을 줄인다.
중춘(음력 2월)	물을 저장한다.	도량형을 통일시킨다.
계춘(음력 3월)	제방을 보수한다.	창고를 열어 빈민을 구제한다.
맹하(음력 4월)	농업을 권장한다.	능력 있는 사람들을 선발한다.
중하(음력 5월)	새끼 밴 말을 보호한다.	관문통과세와 시장세를 걷지 않는다.
계하(음력 6월)	잡초를 제거하고 거름을 준다.	군대를 일으키지 않는다.
맹추(음력 7월)	농민들이 곡식을 수확한다.	군대를 단련시킨다.
중추(음력 8월)	보리를 심기 시작한다.	도량형을 통일시킨다.
계추(음력 9월)	땔나무를 잘라 모은다.	다섯 종류의 무기를 연습시킨다.
맹동(음력 10월)	농민들이 휴식에 들어간다.	사형죄를 지은 자들을 처형한다.
중동(음력 11월)	나무들을 벌목한다.	술을 제조한다.
계동(음력 12월)	농기구들을 정비한다.	국가의 법전을 정비한다.

봄에 여름의 정령을 시행하면 (봄의 기운이) 새나가고, 가을의
정령을 시행하면 수재가 많이 발생하고, 겨울의 정령을 시행
하면 매서운 날씨가 이어진다. 여름에 봄의 정령을 시행하면
풍해가 많이 발생하고, 가을의 정령을 시행하면 토지가 황폐
해지고, 겨울의 정령을 시행하면 초목들이 시들게 된다. 가을
에 여름의 정령을 시행하면 꽃이 피게 되고, 봄의 정령을 시행
하면 초목들이 번성하고, 겨울의 정령을 시행하면 모든 것들
이 시들게 된다. 겨울에 봄의 정령을 시행하면 (겨울의 기운이)
새나가고, 여름의 정령을 시행하면 가물게 되고, 가을의 정령
을 시행하면 안개가 자주 끼게 된다.

『회남자』「시칙훈」

　사계절이나 열두 달을 통해서 살펴본 고대 중국인의 시간 역
시 양적이라기보다 질적이라고 할 수 있다. 따라서 열두 달은 각
각 서로 환원할 수 없으며, 각각 고유한 질서를 가지고 있을 수
밖에 없다. 물론 살펴본 대로 열두 달의 고유한 질서는 기본적으
로 오행의 논리와 아울러 유기체적 세계관으로 정리할 수 있다.
　지금까지는 『회남자』를 보면서 고대 중국인이 하늘, 땅, 시간
을 어떻게 이해했는지 살펴보려고 했다.「천문훈」,「지형훈」,「시
칙훈」편을 살펴본 결과, 고대 중국인이 음양오행의 논리와 유기
체적 세계관을 얼마나 맹신했는지 손쉽게 확인할 수 있었다. 그
런데 여기서 논의를 정리하기 전에 잠깐 다루어야 할 것이 하나
더 있다. 그것은 바로 '수(數)'의 문제다.
　수는 기본적으로 서양의 근대 자연과학에서 양화의 기본적인

수단이다. 그러나 전통 동양 과학사상에서는 수를 어떻게 이해했을까? 이미 숫자도 오행에 배치했다는 점에서, 그들은 숫자 역시 양적으로 이해하기보다는 기본적으로 질적인 것으로 이해했다고 볼 수 있다. 오행의 논리로 분류되는 것은 모두 질적으로 차이가 있는 것으로 상정한 것처럼, 8은 나무〔木〕에, 7은 불〔火〕에, 5는 흙〔土〕에, 9는 쇠〔金〕에, 마지막으로 6은 물〔水〕에 배치했기 때문이다. 물론

일상생활에서 물건의 수량을 셀 때 고대 중국인도 숫자를 양화의 수단으로 사용했다는 것은 숨길 수 없는 사실이다. 그럼에도 원리적 차원에서 그들이 숫자를 질적으로 사용했다는 점은 매우 중요한 사실이다.

서양의 경우에도 근대 자연과학이 발생하기 전에는 고대 중국인처럼 수를 질적인 것으로, 나아가 존재를 설명하는 신비한 원리로 사용한 전통이 있었다. 우리는 이런 숫자에 대한 이해를 '수비학'이라고 부른다. '수비학'은 글자 그대로 '숫자〔數〕에서 우주의 신비〔秘〕를 읽어내려는 학문'을 말하는데, 숫자가 양화의 수단으로 사용되면서부터는 수비학이 하나의 미신으로 여겨졌다. 먼저 고대 중국인의 수비학에 대해 살펴보자.

대체로 인간, 날짐승과 들짐승, 작은 벌레들을 포함한 모든 생

물들 각각은 삶을 영위하는 방법을 가지고 있다. 그래서 어떤 것들은 홀수로 어떤 것들은 짝수로 살며, 또 어떤 것들은 나는 것으로 어떤 것들은 달리는 것으로 살지만, 그 실정을 아는 사람은 없다. 오직 앎이 도(道)에 통한 사람만이 이것의 근원을 추적할 수 있을 것이다. 하늘은 1, 땅은 2, 사람은 3이다. 3×3은 9이고 9×9는 81이므로 1은 해를 주관한다. 해의 수는 10인데, 해는 사람을 주관한다. 그래서 사람은 10개월 만에 출생한다. 8×9는 72이므로 2는 짝수를 주관하고 짝수는 홀수를 포함한다. 홀수는 진(辰)을 주관하고 진은 달을 주관하고 달은 말을 주관하므로 말은 12개월 만에 출생한다. 7×9는 63이므로 3은 북두칠성을 주관하고 북두칠성은 개를 주관하므로 개는 3개월 만에 출생한다. 6×9는 54이므로 4는 사시(四時)를 주관하고 사시는 돼지를 주관하므로 돼지는 4개월 만에 출생한다. 5×9는 45이므로 5는 오음(五音)을 주관하고 오음은 원숭이를 주관하므로 원숭이는 5개월 만에 출생한다. 4×9는 36이므로 6은 육률(六律)을 주관하고 육률은 사슴들을 주관하므로 사슴들은 6개월 만에 출생한다. 3×9는 27이므로 7은 일곱 별들을 주관하고 일곱 별들은 호랑이를 주관하므로 호랑이는 7개월 만에 출생한다. 2×9는 18이므로 8은 여덟 가지 바람을 주관하고 여덟 가지 바람은 벌레들을 주관하므로 벌레들은 8개월 만에 모양을 바꾼다.

『회남자』 「지형훈」

고대 중국인에게 근원적인 숫자는 오행에 따르면 5, 6, 7, 8, 9

였다고 할 수도 있고, 음양논리에 따르면 1, 2, 3이라고 할 수도 있다. 그들은 음양논리를 오행논리와 연결하기 위해서 두개의 3을 서로 곱해 9를 만들어버린다. 오행의 논리로 숫자를 따져 볼 때 최대의 수는 9였기 때문일 것이다. 이것은 원리적 차원에서 9라는 숫자가 가장 완전하고 충만하다는 것을 의미한다. 위에서 본 「지형훈」편은 고대 중국인이 9라는 숫자를 가지고 어떤 식으로 만물의 탄생을 설명하는지 잘 보여준다. 사실상 그들의 논의는 전혀 설득력이 없다. '7×9는 63이므로 개는 3개월 만에 출생한다. 6×9는 54이므로 돼지는 4개월 만에 출생한다'는 생각은 얼마나 터무니없는가? 그들이 구구법의 9단을 가지고 만물의 탄생을 설명하려고 한 이유는, 이 9단이 가진 기묘한 조화와 일치 때문이었을 것이다. 구구법의 구단의 결과로 생기는 값인 9, 18, 27, 36, 45, 54, 63, 72, 81이란 숫자를 살펴보자. 십의 자리와 일의 자리 숫자를 합해보면 모두 9라는 값을 가진다. 예를 들어 18에 나오는 1과 8을 더해도 9이고, 27에 나오는 2와 7을 더해도 역시 9이다. 아마 고대 중국인들은 이런 기묘한 일치를 발견하고, 우주의 신비를 파악했다고 생각했을 것이다.

우리는 숫자에서 우주의 신비를 캐내려는 전통, 따라서 숫자를 신성하게 여긴 전통이 고대 중국인에게 있었다는 사실에 주목해야 한다. 아직도 일부 학자들이 고대 그리스 전통, 특히 피타고라스학파의 수학이론에서부터 서양 근대 자연과학의 탄생을 설명하려고 하기 때문이다. 그러나 피타고라스학파의 수학이론은 기본적으로 양화 수단으로 수를 다루는 전통이 아니라, 고대 중국과 마찬가지로 일종의 수비학적 전통에 지나지 않는 것이었다. 다만 고대 중국인과는 달리 피타고라스학파의 근원적인 숫자는 1, 2, 3, 4였다. 그리고 이 각각의 숫자는 점, 선, 면, 입체를 상징하고, 결국 이 세계 모든 것을 구성하는 원리로 숭배했다. 그래서 그들은 이 네 숫자를 테트락티스(tetraktys)라고 불렀고, 이 네 숫자를 더한 값인 10을 가장 완전한 숫자, 즉 완전수로 여긴 것이다. 결국 서양의 근대 자연과학이 피타고라스학파의 수학이론으로부터 나왔다는 설명은 부당한 것이다. 사실 근대 자연과학이 가능하기 위해서 피타고라스학파의 수비학은 극복되어야만 했다.

만약 피타고라스학파가 서양의 근대 자연과학의 발전에 기여를 했다면, 그것은 그들이 수를 강조했다는 이유에서 찾아서는 안 된다. 오히려 그들이 근대 자연과학의 발전에 기여한 부분은 다른 곳에 있다고 할 수 있다. 그것은 그들이 근원적인 숫자 네 가지를 우주 전체를 구성하는 '요소'로 사유했다는 점이다. 1, 2, 3, 4가 모여서 전체 세계가 구성된다는 발상이 근대 자연과학의 기계론적 자연관이 표방하고 있는 원자론과 유사하다고 할 수 있기 때문이다.

이 점에서 『회남자』에서 드러나는 수비학과 피타고라스학파의 수비학은 같지만 다른 것이라고 할 수 있다. 수를 '양적'인 것이 아니라 '질적'인 것으로 사유하고 있다는 점에서, 양자는 같다. 그러나 『회남자』의 수비학은 '유기체론'과 밀접히 관련되어 있고, 피타고라스학파의 수비학은 근대 자연과학의 원자론과 유사한 일종의 '요소론'과 관련되어 있다는 점에서, 양자는 다른 전통에 속한 것이다.

4

『황제내경』: 인간에

대한 이해

동양의학의 탄생과 특징

지금까지 『회남자』를 차근차근 읽어봄으로써 고대 중국인이 하늘, 땅, 시간에 대해 어떻게 이해했는지 살펴보았다. 그 결과 동양 전통 과학사상이 기, 음양, 오행이란 범주로 조직되어 있다는 점을 확인할 수 있었다. 그뿐만 아니라 이와 같은 핵심 범주에는 기본적으로 유기체적 세계관이 전제되어 있다. 이런 세계관에 따르면 인간은 전체 세계와 고립되어 있기보다 자신의 환경, 즉 하늘, 땅과 긴밀하게 상호작용하는 존재로 이해된다. 바로 이런 긴밀한 상호작용의 패턴 또는 문법 역시 기, 음양, 오행이라는 범주를 통해 설명된다. 그러나 우리에게는 여전히 다음과 같은 의문이 남는다. 과연 전체 세계를 하나의 유기체로 생각해도 될까? 행성의 변화가 인간에게 영향을 미치고, 반대로 인간의 행동이 행성의 질서에 영향을 미친다는 고대 중국인의 믿음은 정당할까? 분명 현대인의 처지에서 보면 고대 중국인의 '질적인 시공간관'과 '유기체적 세계관'은 매우 낯선 것일 뿐만 아니라, 보는 사람에 따라서는 황당무계한 미신으로 여겨질 것이다.

그렇다면 음양오행론과 유기체적 세계관은 현대의 지성계에서 완전히 추방되었다고 볼 수 있을까? 놀랍게도 전혀 그렇지 않다. 현재 우리나라의 대학 학제 속에 한의학(韓醫學)이라는 이름으로 동양의학이 당당하게 자리 잡고 있기 때문이다. 점성술이나 풍수사상은 이제 대부분의 현대인에게 거의 사이비 종교처럼 여겨진다. 그러나 이와 달리 한의학은 전통 과학사상, 즉 음양오행론과 유기체적 세계관을 기초로 현대인의 질병을 성공적으로 치료하고 관리하는 것으로 보인다. 나아가 한의학을 전공한 한의사도 서양의학을 배운 의사와 마찬가지로 사회에서 존경을 받을 뿐만 아니라, 지금도 앞 다투어 많은 인재들이 한의학과에 입학하려고 몰려든다. 그렇다면 왜 전통 동양의학만이 지금까지 살아남을 수 있었을까?

이런 질문에 대해 우리는 다음과 같이 대답할 수 있다. 즉 고대 중국인의 과학사상의 핵심이 결국 '유기체적 세계관'이라고 한다면, 그들의 과학사상은 '살아 있는 유기체'인 인간을 다룰 때는 가장 유효할 수 있었다고 말이다. 이런 맥락에서 전통 과학사상의 핵심이 녹아있는 동양의학을 살펴볼 필요가 있다.

동양의학은 『황제내경』이란 이름으로 서한시대에 편찬된 의서로부터 기원한다. 그 후 2천여 년이 지난 지금까지도 『황제내경』의 영향력은 조금도 줄지 않았다. 이 점은 현재의 한의학과들이 여전히 자신들의 학문적 기초나 개념들을 이 책에 의존하여 유지하고 있다는 것만 보아도 분명해진다.

『회남자』가 기, 음양, 그리고 오행이란 같은 범주들을 재구성하여 동양 전통 과학사상의 원형을 만들었다면, 『황제내경』은 기, 음양, 오행이란 범주들을 결합시켜 인체와 질병을 다루고 있다. 『황제내경』을 살펴보면 고대 중국의 의사들은 '유기체적 세계관'을 채택했을 뿐만 아니라, 인간을 '소우주'로 그리고 세계를 '대우주'로 간주했다는 점을 엿볼 수 있다. 다시 말해서 인간과 세계는 구조적으로 동일하다는 전제를 가진 것이다. 그러나 우리가 간과해서는 안 될 점은 이런 생각이 『황제내경』만의 발상이 아니라, 『회남자』나 『춘추번로』 등에서 확인되는 것처럼 서한시대의 공통된 발상이었다는 점이다. 그렇기 때문에 전통 동양의학을 이해하는 데 『회남자』의 다음 구절은 우리에게 많은 도움을 줄 수 있다.

대개 정신은 하늘로부터 받고 형체는 땅으로부터 받는다. …… 사람은 첫 달에는 기름덩어리와 같은 상태이고, 두 달째는 그 상태가 커지며, 세 달째는 태아가 생기고, 네 달째는 살이 생기며, 다섯 달째는 힘줄이 생기고, 여섯 달째는 뼈가 생기며, 일곱 달째는 완전한 인체가 되고, 여덟 달째는 움직이며, 아홉 달째는 뛰고, 열 달째 태어나는데, 이렇게 해서 형체가 완성되고 오장이 형성된다. 폐는 눈을 주관하고 신장은 코를 주관하며, 쓸개는 입을 주관하고 간은 귀를 주관하며, 마지막으로 지라는 혀를 주관한다. 밖이 겉이 되고 안이 속이 되어 열고 닫거나 펴고 오므리는 데 각각 나름대로의 법칙이 있다. 머리가 둥근 것은 하늘을 닮은 것이고, 발이 네모난 것은 땅을 본뜬 것이다. 하늘에는 춘하추동(春夏秋冬)이란 사시(四時), 금·목·수·화·토의 오행(五行), 여덟 방위와 중앙을 의미하는 구해(九解), 그리고 366일(日)이 있다. 그래서 사람에게는 두 손과 두 발의 사지(四肢), 다섯 가지 장기인 오장(五臟), 눈, 코, 귀 각각에 있는 두 구멍과 입, 항문, 요도를 의미하는 아홉 가지 구멍인 구규(九竅), 366가지의 마디[節]가 있다. 하늘에는 바람, 비, 추위 그리고 더위가 있으므로 사람에게도 받음, 줌, 기쁨 그리고 노여움이 있는 것이다. 그러므로 쓸개[膽]는 구름과 같고 허파[肺]는 기와 같고, 간(肝)은 바람과 같고 신장[腎]은 비와 같고, 지라[脾]는 우레와 같아서 천지와 서로 부합되는데, 심장[心]이 이것들을 주관한다. 이목(耳目)은 해와 달과 같고, 혈기(血氣)는 바람과 비와 같은 것이다.

『회남자』 「정신훈(精神訓)」

「정신훈」 편은 '대우주(세계)'와 '소우주(신체)'가 구조적으로 같다는 것을 자세하게 설명했다. 이 편의 설명 가운데 동양의학을 이해하는 데 결정적으로 중요한 단서 두 가지가 있다. 그 가운데 하나는 오행론이 인체의 다섯 장기, 즉 오장을 설명하는 문법으로 채택되었다는 점이다. 오행으로 오장을 이해하는 것은,

결국 신체의 다섯 장기를 서로 환원할 수 없는 고유한 질서를 가지고 있지만 서로 유기적 관계를 맺고 있는 것으로 이해한다는 것이다. 나아가 이로부터 오장의 상호관계가 오행의 전개 패턴에 따라 예측될 것이다. 따라서 질병도 오행론에 입각해서 치료할 수 있다는 발상이 가능해진다. 다른 하나는 자연세계에서 바람과 비의 역할이 신체에서 혈기(血氣)의 역할과 같다는 생각이다. 바람과 비는 하늘과 땅 사이에 있는 전체 세계의 변동과 조화에 결정적으로 중요한 것들이다. 고대 중국인이 바람과 비의 역할을 혈기에 부가했다는 것은, 결국 그들이 신체의 변동과 조화에서 혈기의 조절이 결정적으로 중요하다고 생각했다는 점을 잘 보여준다.

「정신훈」편의 이야기를 읽고 나서 어떤 사람들은 지나친 유추(analogy)에 당혹스러울지도 모르고, 또 신체의 구조가 세계의 구조와 유사하다는 사실에 새삼 놀라는 사람들도 있을지 모르겠다. 그런데 우리는 과거 과학의 역사를 돌아볼 때, 유추라는 것이 항상 발견을 추동하는 원리로 작용했다는 점을 놓쳐서는 안 된다. 소우주로서 인간에게 전체 대우주로서 세계의 구조가 반복된다면, 마찬가지로 신체의 어느 부분도 전체 신체의 구조를 반복하지 않을까? 바로 이런 방식으로 고대 중국의 의사들은 '대우주'와 '소우주'라는 도식을 더 미세한 단계에 이르기까지 계속 밀고 나간다. 그래서 결국 그들은 "신체의 부분은 전체 신체를 반영한다"는 논리에까지 이르게 되었다.

　　푸른색과 검은색은 통증을 나타내고, 노란색과 붉은색은 열증을 나타내며, 흰색은 한증을 나타난다. …… 이마는 머리와 얼굴의 병이 나타나는 곳이고, 미간 위쪽은 인후의 병이 나타나는 곳이며, 눈썹과 눈썹 사이는 폐의 병이 나타나는 곳이고, 두 눈 사이는 심장의 병이 나타나는 곳이며, 코 중간 부분은 간의 병이 나타나는 곳이고, 코 중간 부분의 왼쪽은 담의 병이 나타나는 곳이며, 코끝은 비장의 병이 나타나는 곳이며, 코끝 양쪽의 약간 위쪽은 위장의 병이 나타나는 곳이며, 광대뼈 아래는 대장의 병이 나타나는 곳이고, 양 뺨은 신장의 병이 나타나는 곳이며, 신장이 속한 뺨 아래쪽은 배꼽 부위의 병이 나타나는 곳이고, 콧마루 위쪽의 양쪽은 소장의 병이 나타나는 곳이며, 콧마루의 아래쪽은 방광과 자궁의 병이 나타나는 곳이다. 광대뼈 부위는 어깨의 병이 나타나는 곳이고, 광대뼈 뒤쪽은 팔의 병이 나타나는 곳이며, 광대뼈 뒤쪽 아래는 손의 병이 나타나는 곳이고, 눈 안쪽 모서리 위쪽은 가슴 부위와 유방의 병이 나타나는 곳이며, 뺨의 바깥쪽 윗부분은 등 부위의 병이 나타나는 곳이고, 잇몸을 따라 협거혈 아래쪽 부위는 넓적다리의 병이 나타나는 곳이며, 양쪽 잇몸의 가운데는 무릎의 병이 나타나는 곳이고, 양쪽 잇몸 가운데의 아래는 정강이의 병이 나타나는 곳이며, 그 아래쪽은 발의 병이 나타나는 곳이고, 입가의 주름진 부위는 넓적다리 안쪽의 병이 나타나는 곳이며, 뺨 아래쪽 뼈 부위는 종지뼈의 병이 나타나는 곳이다. 이렇듯이 오장육부와 사지관절은 얼굴에 반영되는데 모두 그 상응하는 부위가 있다.

『황제내경 · 영추(靈樞)』 「오색(五色)」

　동양의학에 따르면 얼굴 안에 신체의 모든 질병의 징후가 드러
난다. 그러나 이것은 단순히 얼굴에만 한정된 문제가 결코 아니
다. 눈동자, 혓바닥, 손바닥, 발바닥, 하물며 머리카락에까지도
신체의 모든 질병의 징후가 나타난다고 본다. 이것은 동양의학에
서 신체의 모든 부분이 각각 나름대로 전체 신체를 반영한다고
믿고 있다는 것을 말해준다. 이런 생각은 현재 한의사들이 환자
를 진찰하는 방법에도 그대로 투영되어 있다. 현재 한의사들이

사용하는 진단 방법에는 보통 네 가지 종류가 있는데, 이것을 흔히 사진(四診)이라고 한다. 첫째 '망진(望診)'은, 눈으로 '살펴서 진단한다'는 뜻으로, 환자의 전체적인 겉모습과 태도, 안색이나 혀를 의사가 보면서 여기에 반영되어 있는 징후로 전체 신체의 병증을 아는 것이다. 둘째는 '문진(聞診)'인데, 글자 그대로 '들어서 진단한다'는 뜻이다. 이것은 환자의 목소리와 숨소리, 기침소리를 듣고 전체 신체의 병증을 아는 것이다. 셋째는 '문진(問診)'인데, '물어서 진단한다'는 뜻이다. 이것은 환자에게 자신의 병에 대해 이야기하게 하고, 나아가 발병하기 전의 병력에 대해서 들음으로써 병증을 진단하는 것이다. 마지막 넷째가 '절진(切診)'인데, 글자 그대로 '직접 손으로 만져보고 진단한다'는 뜻이다. 이것은 맥을 진단하는 맥진(脈診), 배를 만져보는 복진(腹診), 아픈 부위를 직접 만져보거나 눌러보는 진단법으로 환자의 병을 알아내는 것이다.

동양의학의 네 가지 진단법이 가능했던 이유는 바로 신체의 일부분은 전체 신체의 상태를 반영한다는 전제, 즉 '유기체적 신체관'이 전제되어 있기 때문이다. 그래서 동양의학은 구태여 내장 상태를 알기 위해서 엑스레이를 찍거나 해부할 필요가 없었던 것이다. 이것은 동양의학이 신체를 개별적인 장기의 집합체 또는 일종의 기계장치로 보지 않고, 유기체로 이해했기 때문에 가능했던 것이다. 이 점에서 동양의학의 유기체적 사유는 서양의학의 해부학적 사유와 분명하게 대조된다. 엑스레이나 해부학은 기본적으로 서양의학이 신체 내부의 장기를 직접 들여다보려는 의지를 반영하는데, 이런 발상은 기계론적 자연관이나 원자

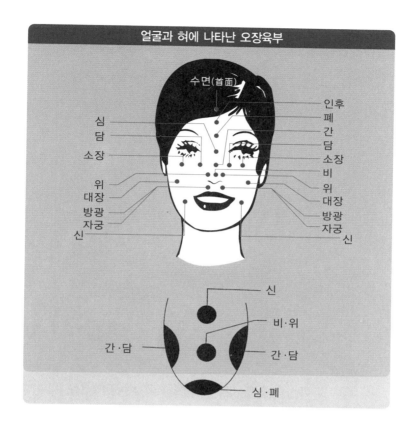

얼굴과 혀에 나타난 오장육부

론적 사유가 없다면 불가능하기 때문이다.

역사적으로 동양의학의 창시자라고 할 수 있는 전국시대 편작(扁鵲)의 삶도 이런 동양의학의 의지를 역설적으로 보여준다. 앞에서도 살펴봤지만 『사기』 「편작창공열전(扁鵲倉公列傳)」에 실려 있는 편작의 일대기에 따르면, 그는 자신의 시대에 성행했던 해부학적 의술에 대해 분명한 반대 입장을 피력한다. 아마도 편작의 이런 정신은 우리가 살펴보려는 『황제내경』뿐만 아니라 동양의학 일반의 특징을 가장 잘 표현한 것이라고 할 수 있다.

수리학적 상상력과 기의 흐름

한의사들이 환자를 진단할 때 사용하는 네 가지 진단방법 가운데 동양의학의 고유성을 가장 잘 보여주는 것은 바로 절진(切診, 의사의 손을 환자에게 직접 접촉하여 진단하는 것)이다. 그 가운데서도 특히 맥을 진단하는 '맥진', 즉 '진맥(診脈)'이 가장 중요하다. 사실상 나머지 세 진단법인 망진(望診), 문진(聞診), 문진(問診)은 서양의학에서도 통용되는 방법이다. 그렇다면 '맥을 진단한다'는 것은 과연 무슨 의미일까? 우선 여기서 우리 눈에 맨 처음 들어오는 것은 바로 '맥(脈)'이라는 단어다. 한의학에서 맥이란 12경맥(經脈)과 아울러 무수히 많은 낙맥(絡脈)을 가리키는 말이다. '맥'이 중요한 이유는 바로 이것을 통해서 기가 흐르기 때문이다. 우리는 앞에서 바람과 비를 혈기에 비유한 고대 중국인의 발상에 대해 살펴보았다. 바람과 비는 농경생활을 영위하던 그들에게 약이면서 동시에 독으로 작용한다. 비바람을 통해서 대지에 고이는 물은 농작물의 성장에 반드시 필요하지만, 또한 동시에 엄청난 수해를 일으켜 농작물은커녕 인간마저도 죽음으로 내몰 수 있는 위험한 존재였기 때문이다.

그래서 중국 역대 정권은 치수(治水) 산업에 정권의 운명을 건 일이 많다. 아예 '다스린다'는 의미를 지닌 '치(治)'라는 글자에 '물〔水〕'을 뜻하는 '氵'라는 부수가 있을 정도였다. 비의 형태로 내려와 하천과 그 지류를 흐르며 대지를 가로지르는 물길을 조절하는 사업, 즉 치수 산업이 얼마나 중요한지는 이로부터 분명하게 미루어 짐작할 수 있다.

고대 중국인은 신체에서 하천과 그 지류 같은 일을 하는 것이 바로 '경락', 즉 '맥'이라고 생각했다. 신체에 있는 거대한 12가지 하천이 바로 '경맥'이라면, 이런 12가지 하천 사이에 존재하는 무수히 많은 지류가 바로 '낙맥'이었던 셈이다. 여기서 우리는 바로 동양의학의 가장 중요한 특징들 가운데 하나라고 할 수 있는 '수리학(水利學, hydrography)에 입각한 상상력'을 확인할 수 있다.

> 맥의 기는 마치 물이 흐르는 것이나 해와 달이 쉬지 않고 운행하는 것처럼 운행한다. 그러므로 음맥(陰脈)은 오장으로 운행하고 양맥(陽脈)은 육부로 운행하여, 시작과 끝이 없는 고리처럼 끊임없이 반복 운행한다. 그 흘러넘치는 기는 안으로는 장부를 관개(灌漑)하고 밖으로는 피부를 촉촉하게 적신다.
>
> 『황제내경·영추』「맥도(脈度)」

수리학은 하천이나 지류의 흐름을 연구하는 학문이다. 만약 하천이나 지류가 막히면, 그 속에서 흐르던 물은 흘러넘쳐 인간에게 엄청난 피해를 준다. 특히 동양이 대부분 농경으로 생계를 유지했다는 사실만 생각해보아도, 수리학은 치수 산업을 하기 위한 필수불가결한 학문이라고 할 수 있다. 치수 산업의 목적은 기본적으로 막힌 곳을 뚫어, 물의 흐름을 조절하여 물이 자신의 길로 다니게 해서 인간에게 주는 피해를 최소화하는 데 있다. 물론 물이 이렇게 인간에게 위협적인 것만은 아니다. 하천이나 지류를 흐르는 물이 대지를 풍성하게 하고 농작물이 자라나게 하는 중요한 일을 하기 때문이다. 이와 마찬가지로 신체 내부에 그

물망처럼 퍼져 있는 경락을 통해서 흐르는 '기'는 위장에서 소화된 영양분을 온몸 구석구석까지 전달해주는 중요한 일을 한다. 자연의 메커니즘과 인간 몸의 메커니즘이 구조적으로 같다고 보는 『황제내경』이 수리학적 사유를 하고 있는 것은 어쩌면 당연한 것이라고 할 수 있다. 자연에서 '물'의 통로와 흐름에 대한 관리가 가장 중요하듯이, 신체에서는 '기'가 흐르는 통로인 경락이 중시되는 것도 바로 이 때문이다.

> 사람은 음식물에서 기를 받는데 음식물이 위로 들어가서 폐로 전해진 후에 오장육부 모두가 그 기를 받게 된다. 그 중 맑은 것을 영기(營氣)라고 하고 탁한 것을 위기(衛氣)라고 한다. 영기는 맥 안을 순환하고 위기는 맥 바깥을 도는데, 하루 밤낮 50회를 돌면 영기와 위기가 다시 만나게 된다. …… 영기와 위기는 곡기에서 변화되어 생겨난 정기이고, 혈(血)도 음식물의 기에서 변화되어 생겨난 신기(神氣)이다. 그러므로 혈과 기는 이름은 다르지만 같은 종류이다.
>
> 『황제내경·영추』「영위생회(營衛生會)」

신체에 흐르는 기는 기본적으로 우리가 섭취하는 음식물에서부터 온 것이다. 그렇다고 해서 기를 바로 음식물을 통해 섭취한 양분이라고 단순하게 이해해서는 안 된다. 『황제내경』에 따르면 기는 유동성이 있는 양분, 또는 유동화된 양분이라고 정의할 수 있다. 기는 이미 우리 신체에서 운행할 수 있도록 전환된, 즉 이미 우리 신체의 일부분으로 동화된 유동적인 에너지이기 때문이다. 이 혈기는 하루 밤낮으로 경락이라는 맥을 통해서 50회나 순환하고 운행한다.

동양의학의 전통에 따르면 모든 질병은 경락이라는 맥 속에서 이 혈기(血氣)가 제대로 운행되는지 여부와 관련되어 있다. 앞에서 살펴본 진맥이란 바로 이 혈기가 제대로 운행되는지 알아보려고 혈기의 운행 통로인 경락이라는 맥을 짚어보는 것이다. 이제 구체적으로 혈기의 흐름이 어떤 질병을 낳게 되는지 살펴보자.

> 경맥 속 혈기의 흐름이 끊임없이 운행하는 것은 자연의 운동 법칙과 같다. 그러므로 천체의 운행이 일정한 법칙을 상실하면 일식과 월식 같은 현상이 나타나고, 땅의 법칙이 항상됨을 잃으면 하천이 범람하고, 초목이 자라지 않으며, 곡식이 익지 않고, 길이 막혀 백성들이 왕래하지 않고 이곳저곳에 흩어져 살아가게 된다. 혈기는 더욱 그러하다. …… 대개 혈맥의 영위(榮衛)가 끊임없이 운행하는 것은 위로 천체의 운행법칙에 조응하고 아래로는 하천의 흐름에 상응한다. 한사(寒邪)가 밖에서 경락에 침입하면 혈의 운행이 원활하지 않다. 혈의 운행이 원활하지 않으면 통하지 않는다. 통하지 않으면 위기(衛氣)가 적체되어 반복 운행할 수 없게 된다. 그러므로 악창이 발생한다. 한기(寒氣)가 열로 변하고 열이 극성을 부리면 살이 썩는다. 살이 썩으면 고름이 된다.
>
> 『황제내경·영추』「옹저(癰疽)」

여기에서는 악창(惡瘡), 즉 악성종기가 어떻게 생기는지 설명하고 있다. 한사는 신체 외부의 차가운 기, 즉 한기를 가리키는 말이다. 이런 한기가 질병을 일으키기 때문에 사악하다는 뜻의 '사(邪)'를 붙여서 '한사'라고 표현된다. 신체가 한기에 노출되면, 신체의 경락에 흐르는 혈기는 당연히 운행이 느려질 수밖에 없다. 이것은 하천이나 그 지류에 흐르는 물이 한기를 만나면 얼어붙는 사태와 유사하다. 그렇게 되면 마치 얼음이 생기게 된 물처럼, 혈기는 원활히 운행할 수 없게 되어 적체 상태에 놓인다. 이렇게 혈기가 적체되면 바로 그곳에 종기가 생긴다. 마치 흐르던 물이 막히면, 수로를 이탈하여 넘쳐나는 것처럼 말이다.

이처럼 한의학에서 '수리학적 상상력(hydrographical imagination)'은 매우 중요하다. 그것은 경락이라는 맥(脈) 개념, 흐르는 유동체로서 기(氣) 개념 그리고 진맥(診脈)이라는 진단법을 가능하게 하는 것이기 때문이다. 더구나 한의학적 치료법을 상징적으로 잘 보여주는 침술도 바로 이런 수리학적 상상력에 기초한 것이다. 침은 막힌 곳을 뚫기 위해 경락에 자극을 주는 도구이기 때문이다.

이제 구체적으로 『황제내경』이 기가 흐르는 경락이라는 맥, 특히 그 가운데 지엽적인 지류가 아니라 주된 하천에 비유할 수 있는 12경맥(經脈)을 어떻게 생각했는지 살펴보자.

> 침을 찌르는 이치는 경맥에서 시작하는데 경맥의 순행 경로를 찾고 경맥의 길이를 재어보니, 경맥이 안으로는 오장과 차례로 연결되고 밖으로는 육부에 나누어 귀속된다. …… 경맥은 생사를 결정하고 백 가지 병을 다스리며 차고 빈 것을 조절하

므로 제대로 알지 않으면 안 된다. …… 12경맥들은 갈래갈래 나뉜 힘줄 사이에 잠복하여 운행하므로 보이지 않는다. 그것들을 볼 수 있는 곳은 족태음비경이 지나는 안쪽 복사뼈의 위쪽인데, 이곳은 피부가 얇아 감추어지지 않기 때문이다. 여러 맥 가운데에서도 표면에 떠 있어 늘 볼 수 있는 것은 모두 낙맥(絡脈)이다.

『황제내경·영추』「경맥(經脈)」

12경맥은 기본적으로 신체의 끝에 있는 손과 다리에서부터 신체 내부에 있는 오장과 육부에 연결되는 연결망이라고 할 수 있다. 여기서 오장은 폐, 지라, 심장, 신장, 간장을 의미하고, 육부는 대장, 위장, 소장, 방광, 쓸개〔膽〕, 삼초(三焦)를 말한다. 오장이 보통 생명의 근원을 이루는 정기를 글자 그대로 저장하는 기능을 담당한다면, 육부는 섭취한 음식물을 분해·흡수하여 몸 안으로 정기를 보내고 찌꺼기를 배출하는 기능을 담당한다. 이처럼 12경맥을 통하여 혈기가 육장육부의 장기를 포함해서 신체의 모든 곳으로 전달될 수 있다. 그런데 여기서 한 가지 주의할 것은, 해부학적으로 관찰되지

육 장육부

보통 신체 내부의 장기는 해부학적으로 보면 오장육부로 확인될 수 있다. 그러나 문제는 오장육부가 12경맥 이론과 정합되지 않는다는 점이다. 12경맥은 이론적으로 12개 장기가 필요한데, 오장육부는 11개 장기여서 하나가 부족하기 때문이다. 그래서 한의학에서는 오장 외에 심포(心包)라는 장기를 추가해서 육장을 구성한 것이다.

심 포

심포는 우리가 흔히 "그 사람 심보가 고약하다"라고 말할 때 사용하는 '심보'라는 말의 원형인데, 글자 그대로는 '심장을 보호하는 막'이라는 의미이다. 한의학에서 심포는 인간의 의식작용이나 정신작용과 관련된 기능을 담당하며, 심장의 기능을 도와주는 일을 담당하는 것으로 간주된다.

않은 두 장기가 12경맥에 대한 논의에 나온다는 점이다. 하나는 오장과 합쳐져 여섯 장기 가운데 하나로 설명되는 '심포(心包)' 라는 것이고, 다른 하나는 육부 가운데 하나로 생각되는 '삼초(三焦)' 라는 것이다.

12경맥에 대한 각각의 이름은 각 경맥이 손과 발에서부터 육장 육부 가운데 어디로 흘러가는지를 밝히고 있고, 또한 경맥이 음양의 논리에 따르면 어떤 성격을 갖는지를 반영한다. 예를 들면 '수태음폐경' 이라는 이름은 '손[手]', '태음(太陰)', '폐(肺)' 라는 용어로 이루어져 있는데, 이것은 '손[手]에서 폐까지 연결되어 있으며 음양논리에 따를 때 태음에 속한 경맥' 이라는 의미가 있다. 그리고 '족태양방광경' 이라는 이름은 '발[足]' '태양(太陽)' '방광(膀胱)' 이라는 용어로 이루어져 있는데, 이것은 '발에서 방광까지 연결되어 있으며 음양논리에 따를 때 태양에 속하는 경맥' 이라는 의미이다. 『황제내경』에 자세하게 묘사된 12경맥이 어떤 식으로 우리 몸속에서 운행하는지 표를 보며 살펴보자.

음식물을 섭취하여 생긴 유동화된 영양분으로서 기는 육장육부로 살펴보면 다음과 같은 순서로 온몸을 순환한다. ①폐 → ② 대장 → ③위장

삼초

삼초는 글자 그대로 '세 가지 태운[焦] 것' 이라는 의미인데, 신체의 총체적인 에너지 흐름을 담당하는 장기이다. 일단 우리는 음식물을 먹어야 하고, 그 다음 흡수한 양분을 기의 형태로 온몸으로 전달해야 하며, 마지막으로 남은 찌꺼기를 배설해야만 생명을 원활하게 유지할 수 있다. 삼초는 바로 이 세 단계의 기능을 관장하는 장기이다. 구체적으로 '음식을 먹어 양분을 기로 만드는 기능'을 담당하는 것은 중초(中焦)이고, '이렇게 만들어진 기를 온몸으로 퍼지게 하는 기능'을 담당하는 것이 상초(上焦)이다. 마지막으로 '기로 만들어진 것 이외의 찌꺼기를 배설하는 기능'을 담당하는 것이 하초(下焦)이다. 결국 삼초는 각 장기가 제 기능을 수행할 수 있도록 연결시켜주는 일종의 매개적인 기능체계라고 할 수 있다.

삼음	태음(太陰)		소음(少陰)		궐음(厥陰)	
오행	금	토	군화	수	상화	목
수족	수(手)	족(足)	수(手)	족(足)	수(手)	족(足)
6장	①폐	④지라[脾]	⑤심장	⑧신장	⑨심포(心包)	⑫간장
6부	②대장	③위장	⑥소장	⑦방광	⑩삼초(三焦)	⑪쓸개[膽]
삼양	양명(陽明)		태양(太陽)		소양(少陽)	

→ ④지라 → ⑤심장 → ⑥소장 → ⑦방광 → ⑧신장 → ⑨ 심포 → ⑩ 삼초 → ⑪ 쓸개 → ⑫간장. 전체적으로 보면 12경맥은 모두 이렇게 육장육부를 하나의 끝점으로 삼지만, 또한 나머지 하나의 끝점으로는 손이나 발을 가지고 있다. 여기서 육장(六臟)은 기본적으로 음(陰)에 속한다. 왜냐하면 장(臟)이라는 글자의 뜻이 암시하는 것처럼 육장은 저장하고 응축하는 기능을 담당하기 때문이다. 반면 육부(六腑)는 이와 달리 배설이나 분비 기능을 담당하기 때문에 양(陽)에 배치된다.

　기가 흐르는 12경맥과 수많은 낙맥들이 중요한 이유는 바로 이 위에 침을 놓을 수 있는 침자리가 배치되어 있기 때문이다. 보통 침이나 뜸을 놓는 이 자리들을 '경혈(經穴)'이라고 부른다. 예를 들어 126쪽의 수양명대장경을 보자. 이 경맥은 손〔手〕으로부터 대장(大腸)에 이르는 경맥인데, 이 경맥에는 20개의 경혈이 존재한다. 집게손가락 끝의 첫 번째 경혈인 상양(商陽)에서부터 손을 타고 올라가

육장과 육부

(수태음)폐경, (족태음)비경, (수소음)심경, (족소음)신경, (수궐음)심포경, (족궐음)간경 6경맥은 양맥(陽脈)에 속하고, 반대로 (수양명)대장경, (족양명)위경, (수태양)소장경, (족태양)방광경, (수소양)삼초경, (족소양)담경 6경맥은 음맥(陰脈)에 속한다. 여섯 개의 양맥은 등이나 손등, 팔등, 팔다리의 바깥쪽으로 흐르고, 여섯 개의 음맥은 배, 손바닥, 발바닥, 팔다리의 안쪽으로 흐른다.

다보면, 엄지손가락과 집게손가락이 갈라지기 전에 살이 모여 있는 곳에 이르게 된다. 이곳이 바로 네 번째 경혈인 합곡(合谷)이 있는 곳이다. 속이 불편해서 '체한' 경우, 이 합곡혈을 주무르면 트림이 나오고 속이 편안해지는 것을 경험할 수 있다. 또한 역으로 대장에 이상이 있는지의 여부를 확인하려면 합곡혈을 눌러보면 되는데, 만약 이상이 있다면 합곡혈을 누를 때 강한 통증을 느끼게 될 것이다.

홍미로운 것은 경락이 신체를 해부해도 결코 관찰되지 않는다는 점이다. 이 점에서 볼 때 우리 몸 안의 통로인 경락은, 실체는 없지만 기능은 하는 독특한 성격을 지녔다고 할 수 있다. 그래서 서양의학의 견지에서 경락은 항상 의심의 대상이 되었고, 나아

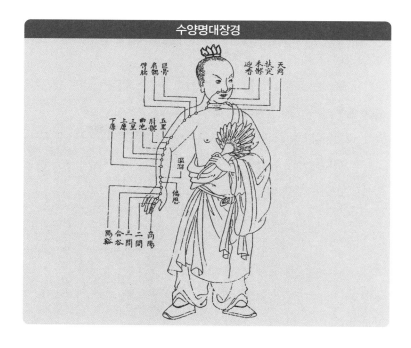

수양명대장경

가 동양의학은 실체가 없는 미신적인 의학이라고 평가된 적도 있었다. 그러나 1972년 닉슨(Richard Nixon, 1913~1994) 미국 대통령이 중국을 방문했을 때, 서양 사람들은 동양의학으로부터 강한 충격을 받게 된다. 마취제를 쓰지 않고도 침술로 마취해서 수술하는 장면을 직접 보았기 때문이다. 현재 우리도 위장의 질병을 고치기 위해 발에 침을 꽂거나, 서양의학에서 거의 난치병으로 간주되는 치질도 정수리에 뜸을 놓아서 고치는 현상을 자주 볼 수 있다. 이처럼 동양의학의 하나의 전제, '신체의 각 부분은 전체 신체를 반영한다'는 유기체적 신체관을 임상적으로 증명해주는 것이 바로 경락이라는 맥과 그 위에 산재되어 있는 경혈이라고 할 수 있다. 결국 우리는 내장 계통의 질병을 외과 수술을 거치지 않고도, 손바닥이나 발바닥에 있는 경혈에 침을 놓음으로써 치료할 수 있을 것이다.

오행의 흐름과 정신의 위치

서양의학은 분명 기계론적인 성격이 있다. 그래서 서양의학을 배우는 학생들에게 해부학 실습은 반드시 거쳐야만 하는 과정이다. 이것은 우리가 숙련된 자동차 정비공이 되는 과정과도 비슷하다. 자동차의 보닛을 열고 그 안에 들어 있는 여러 부품을 직접 분해하고, 다시 결합하는 과정을 반복함으로써 숙련된 자동차 정비공이 될 수 있다. 자동차가 문제를 일으킨다면, 그 원인에 해당하는 부품을 찾아 새로운 것으로 바꾸면 된다. 자동차 정비와 마찬가지로 서양의학은 기본적으로 인간을 살아 움직이는 기계처럼 이해하려는 경향이 있다.

서양의학을 배우는 학생들은 해부학 실습실에서 시체의 장기를 해부하면서 의술을 익힌다. 그리고 그들은 의사가 되어서도 해부학 실습실과 비슷한 분위기를 만들기 위해 환자를 마취하여 시체처럼 만들어버린다. 움직이는 자동차의 보닛을 열 수 없듯이 환자도 그 옛날 자신이 해부하던 시체처럼 있어야 시술할 수 있기 때문이다. 그리고 그들은 메스와 가위를 들고 환자의 배를 갈라 환부를 능숙하게 치료하거나, 어떤 경우 장기를 다른 성능이 좋은 대체물로 바꾸기도 한다.

이와 달리 동양의학은 기본적으로 유기체적 관점에서 사람의 몸을 이해한다. 인간의 몸은 하나의 유기체일 뿐만 아니라, 몸의 각 부분 역시 전체 몸을 그대로 반영한다. 따라서 동양의학에서는 내장에 문제가 있다고 해서 반드시 배를 가를 필요가 없다. 진맥을 해보면 어느 장기에 문제가 있는지 어렵지 않게 추측할 수 있고, 또한 해당되는 경맥의 경혈에 침이나 뜸을 놓음으로써 문제되는 내장을 치료할 수 있기 때문이다.

여기서 한 가지 의문이 든다. 동양의학은 어떻게 인간의 몸 안에 오장육부가 있다는 것을 알았을까? 이런 질문을 던지는 이유는, 동양의학도 기본적으로 해부학적 전통에서 왔다는 사실을 명확히 하기 위해서다. 그들 역시 몸을 구성하는 각각의 장기를 직접 관찰했고 그것들의 위치를 경험적으로 확인했던 것이다. 다만 차이가 나는 것은 **동양의학이 해부학적 전통에 묻히기보다, 이를 기초로 신체를 살아 있는 유기체로 보려는 의지를 통해 완성되었다**

는 점이다. 그럼 이제 『황제내경』이 신체 내부의 장기에 대해 어떻게 이해했는지 살펴보자.

심장은 생명의 근본이고 정신의 변화를 관장하는 곳이다. 그것의 영화로움은 얼굴에 나타나고 그것의 충실함은 혈맥에 나타나며, 양 가운데 양인 태양으로서 여름철의 기운과 소통한다. 폐는 기의 근본이고 넋[魄]이 거처하는 곳이며, 그것의 영화로움은 털에 나타나고 그것의 충실함은 피부에 드러나며, 양 가운데 음인 소음으로서 가을철의 기운과 소통한다. 신장은 칩거를 주관하고 정기를 가두어두는 근본으로 정기(精氣)가 거처하는 곳이며, 그것의 영화로움은 머리카락에 나타나고 그것의 충실함은 뼈에 나타나며, 음 가운데 음인 태음으로서 겨울철의 기운과 소통한다. 간은 움직임의 근본이고 혼(魂)이 거처하는 곳이며, 그것의 영화로움은 손톱과 발톱에 나타나고 그것의 충실함은 인중에 나타나고 혈기를 만들어내며, 그 맛은 신맛이고 그 색은 푸른색이며, 음 가운데 양인 소양으로서 봄철의 기운과 소통한다. 지라·위장·대장·소장·삼초·방광은 음식물을 저장하는 창고의 근본이고 영기(營氣)가 거처하는 곳이라서 그릇[器]이라고 말하며, 찌꺼기를 걸러내고 다섯 가지 맛을 전화시켜 흡수하고 방출한다. 그것의 영화로움은 입술 언저리에 나타나고 그것의 충실함은 피부와 살에 드러나며, 그 맛은 단맛이고 그 색은 노란색이며, 음이 시작하는 태음에 속하고 흙의 기운과 소통한다.

『황제내경·소문』「육절장상론(六節臟象論)」

🔍 **여**씨춘추

✏ 전국시대 말기에 활약한 거상
(巨商)이자 정치가였던 여불위가
3천여 명에 달하는 자신의 식객
들에게 그들이 보고 들은 것을
기록하게 하여 편찬한 책. 도가
를 비롯하여 유가·묵가·법가 등
제자백가의 사상이 총망라되어
있으며, 여불위는 이 책을 통해
중앙집권제 건설의 이론적 근거
를 마련하고자 했다.

이 내용은 '장상론(臟象論)'을 다룬 것이다. '장상론'은 글자 그대로 '장기의 작용을 나타내는 외적인 상징을 다루는 논의'를 말한다. 이것은 신체 내부의 장기를 해부학적으로 확인하기보다는, 그것의 징후나 상징을 통해 신체 내부의 장기 상태를 간접적으로 확인하려는 생각을 반영한다. '장상'에 대한 『황제내경』의 논의에서는 중요한 특징 두 가지를 확인할 수 있다. 첫째는 기본적으로 장기 역시 오행론에 입각해서 이해된다는 점이고, 둘째는 장기에게 제각각 정신의 작용이 속해 있다고 보는 흥미로운 주장이다.

먼저 첫째 특징에 대해 살펴보자. 지금까지 동양 전통 과학사상에서 오행론이 모든 현상에 통용되는 일종의 보편문법이었다는 점에 비추어볼 때, 장기를 오행론에 따라 이해하는 일은 전혀 새로울 게 없다. 그러나 서한시대 과학사상을 상징하는 『회남자』나 『황제내경』에서 장기를 오행에 배치하는 순서에 주목하면, 무엇인가 흥미로운 변화가 생겼음을 알아차릴 수 있다. 『회남자』나 『황제내경』에서는 심장〔心〕을 오행의 중심을 차지하는 흙〔土〕의 위치에 두지 않고 오히려 불〔火〕의 위치에 두었기 때문이다.

전국시대에 쓰인 『여씨춘추(呂氏春秋)』 「십이기(十二紀)」에 등장하는 오장 분류법과 『황제내경』을 비교해보자.

	나무·봄	불·여름	흙	쇠·가을	물·겨울
『여씨춘추』	지라	폐	심장	간	신장
『황제내경』	간	심장	위장	폐	신장

　오행 중 '물'의 덕에 속한 신장을 제외하고는 나머지 네 장기의 위치가 완전히 변해버렸다. 그러나 단순히 자리만 변동한 것이 결코 아니다. 『황제내경』의 오행도식을 『여씨춘추』의 그것과 비교해보면, 더 놀라운 사실을 확인할 수 있다. 이전에 오행의 자리에 속해 있던 지라가 없어지고, 새롭게 위장이 도입되었기 때문이다. 더군다나 흥미롭게도 이렇게 새롭게 도입된 위장은 기존에 중심의 자리에 있던 심장을 몰아내고, 그 자리를 대신 차지해버린다. '흙'의 덕은 방위로 생각해도 중앙을 의미하기 때문에 심장의 자리로는 중앙이 제격이었다. 이미 심이라는 단어 자체가 '중심(中心)'을 상징하지 않는가? 그런데 이 중심의 자리를 이제 위장이라는 장기가 차지한 것이다. 지금도 심장이 생명의 상징으로 이해되는 것을 생각해볼 때 이것은 매우 특이한 발상이다. 그런데 더욱 당혹스러운 일은 『황제내경』에서도 여전히 심장은 중심 역할을 담당한다고 이해하는 것이다. 다음 글을 읽어보자.

　　심장[心]은 인체에서의 역할이 마치 한 나라의 군주와 같다. 정신활동이 거기서 나온다. 폐는 재상과 같아서 전신의 활동을 조절하는 작용을 한다. 간은 장군과 같이 꾀를 내는 작용을 한다. …… 지라와 위장은 창고를 관리하는 관직과 같이 오미

(五味)를 받아들여 전신에 공급하는 작용을 한다.

『황제내경·소문』「영난비전론(靈蘭秘典論)」

『황제내경』에 따르면 분명 군주로서 심장은 신체의 중심이고, 위장은 잘해야 창고를 담당하는 관리이다. 그런데 왜 『황제내경』은 심장을 대신해서 위장을 중심에 두었을까? 바로 이 부분에서 서한시대 동양의학자들의 과학 정신이 빛난다. 그들은 위장을 '일차적 중심'으로, 심장을 '이차적 중심'으로 설정했던 것이다. 인간은 외부에서 음식물을 섭취해야만 생명을 유지할 수 있다. 이것이 바로 서한시대 의사들이 위장을 중심에 둘 수밖에 없었던 가장 중요한 이유이다. 무엇보다도 먼저 외부에서 음식물을 섭취해야만 몸의 군주인 심장도 작동할 수 있지 않은가? 비록 심장이 몸을 총괄적으로 관장하는 군주의 자리에 있다고 할지라도, 위장이 음식물을 섭취하지 못한다면 심장은 아무런 일도 할 수 없을 것이다. 그러나 반대로 위장이 음식물을 충분히 섭취했다면, 심장은 분명 중심적인 역할을 행할 수 있다.

『황제내경』에서 다른 장기도 물론 어느 하나 예외 없이 중요한 기능을 담당한다. 그런데도 서한시대 동양의학자들이 생명과 관련하여 두 가지 중심, '일차적 중심'과 '이차적 중심'을 따로 설정했다는 점을 지나쳐서는 안 된다. '일차적 중심'이 신체의 내부와 외부 사이의 관계를 상징한다면, '이차적 중심'은 신체 내부의 균형과 조화를 상징한다. 결국 '이차적 중심'은 최종적으로 '일차적 중심'에 따라 결정된다는 것, 이것이 바로 『황제내경』의 탁월한 통찰이었다.

이제 '장상'에 대한 『황제내경』의 논의에서 확인할 수 있는 두 번째 특징, 즉 '장기에 정신의 작용이 속해 있다'고 보는 주장을 살펴보자. 우리가 이런 특징에 주목하는 이유는 『황제내경』이 전적으로 뇌의 기능을 망각하거나 무시하기 때문이다. 현재 우리는 인간의 정신활동이 뇌의 기능으로 가능하다는 점을 누구나 상식처럼 알고 있다. 하지만 『황제내경』에 따르면 뇌는 뼈 등과 유사한 기능을 수행할 뿐이다.

> 뇌·수(髓)·골·맥·담·여자포[자궁], 이 여섯 가지는 땅의 기운이 낳은 것이다. 모두 음에 간직되고 땅을 본받았기 때문에 간직하고 쏟아내지 않으므로, '기항지부(奇恒之府)'라고 부른다. 위장·대장·소장·삼초·방광, 이 다섯 가지는 하늘의 기운이 낳은 것이다. 그 기는 하늘을 본받았기 때문에 쏟아내고 간직하지 않는다. 이것들은 오장의 탁한 기운을 받아들이므로 '전화지부(傳化之府)'라고 부른다.
>
> 『황제내경·소문』「오장별론(五臟別論)」

왜 『황제내경』은 뇌가 정신활동의 근원이라는 것을 통찰하지 못했을까? 그것은 동양의학자들이 정신활동이 직접 장기를 손상한다는 임상적 경험을 직접 추상화해냈기 때문이다. 다음 글을 함께 읽어보자.

> 간은 눈을 주관하고 정신작용으로는 '노여움[怒]'이 해당된다. 그러므로 노여움은 간을 상하게 한다[怒傷肝]. …… 심장은 혀

를 주관하고 정신작용으로는 '기쁨[喜]' 이 해당된다. 그러므로 기쁨은 심장을 상하게 한다. …… 지라는 입을 주관하고 정신 작용으로 '사유[思]' 가 해당된다. 그러므로 사유는 지라를 상하게 한다. …… 폐는 코를 주관하고 정신작용으로는 '걱정[憂]' 이 해당된다. 그러므로 걱정은 폐를 상하게 한다. …… 신장은 귀를 주관하고 정신작용으로는 '두려움[恐]' 이 해당된다. 그러므로 두려움은 신장을 상하게 한다.

『황제내경 · 소문』「음양응상대론(陰陽應象大論)」

고대 중국인은 경험적으로 다음과 같은 사실을 관찰하고 그에 주목했다. 즉 노여움이 지나치면 간이 상하고, 기쁨이 지나치면 심장이 상하고, 사유가 지나치면 지라가 상하고, 걱정이 지나치면 폐가 상하며, 두려움이 지나치면 신장이 상한다. 이로부터 그들은 기쁨, 노여움, 두려움, 걱정 같은 정서적 반응이나 사유 같은 지적인 활동이 신체 내부의 장기와 어떤 관련을 맺고 있다고 생각했다. 정신의 작용과 장기의 관계는 사실 지금도 경험적으로 쉽게 확인할 수 있다. 그러나 뇌의 기능과 작용을 발견하지 못한 고대 중국인에게 이런 경험적 사실은 엉뚱한 방향으로 이론화된다. 즉 인간의 정신활동이 장기에 직접 속할 수 있다고 판단하는 것이다.

바로 이 부분에서 오행론이 함축하는 유추논리의 부적절함이 확실하게 드러난다. 오행론에 따르면 오행의 각 요소가 구성한 계열은 서로 직접적으로 공명하며 영향을 준다. 다시 말해 사물은 부류[類]끼리 상호작용한다는 것이다. 결국 이런 사고에 따라 심장과 즐거움은 공명할 수밖에 없다. 심장과 즐거움은 동일한 계열, 즉 불[火]의 계열에 속하기 때문이다. 이런 식의 유추논리에 만족했기 때문에, 그들은 뇌의 기능과 역할을 망각했다. 아니 정확히 말해서 고대 중국인에게 뇌는 사유할 필요가 없었던 것이라고 보는 게 더 타당하다. 우리는 이 부분에서 음양론이나 오행론이 함축하는 '같은 부류끼리 감응한다'는 논리가, 중국 고대 과학사상을 객관적으로 이론화하는 데 얼마나 큰 장애로 작용했는지 확인할 수 있다.

마음과 몸의 상관관계

『황제내경』은 분명 '유기체적 신체관'을 내세운다. 무엇보다 두드러진 것은, 경락과 기의 흐름을 통해서 몸의 일부분이 전체 몸을 그대로 반영한다고 본 그들의 생각이다. 예를 들어 얼굴, 손바닥, 발바닥 등 우리가 쉽게 관찰할 수 있는 신체 부위에서, 우리가 눈으로 볼 수 없는 신체 장기의 구조가 상징적으로 드러난다는 발상은 매우 기발하다. 그러나 사실 더 흥미로운 점은 고대 중국인이 마음과 몸, 즉 정신과 육체의 관계에 대해서도 유기체적 주장을 견지했다는 사실이다. 인간의 정신활동이 바로 몸의 핵심이라고 할 수 있는 장기와 직접 관련이 있다는 『황제내경』의 견해는, 서양에서 보면 스피노자(Baruch de Spinoza, 1632~1677)의 평행론(parallelism)을 연상시킨다.

스피노자에 따르면 인간의 정신과 육체는 동일한 인간 행동의 두 측면일 뿐, 서로 인과 관계를 맺은 것은 아니다. 정신을 육체와는 다른 것으로 생각하는 일반인들에게 스피노자의 평행론은 어렵게 들릴 것이다. 그러나 정신과 육체라는 구분 자체가 우리가 살아있다는 전제에서만 의미있다는 점을 생각하면, 스피노자의 이야기는 그다지 어려운 것은 아니다. 마치 동일한 영화가 영어 자막과 일어 자막으로 표현되듯이, 우리의 삶은 정신으로도 그리고 육체로도 표현된다는 것이다. 물론 영어 자막과 일어 자막이 서로 원인이 될 수 없듯이, 정신과 육체도 서로에게 영향을 줄 수 없지만 말이다.

그러나 평행론과 유사한 심신(心身) 관계를 주장하는 것처럼 보이지만, 자세히 살펴보면 『황제내경』은 결코 평행론을 표방하지 않았다. 오히려 동양의학은 육체가 정신에 영향을 미치고, 나아가 정신도 육체에 영향을 미친다는 상호 역동적 인과관계를 주장하기 때문이다. 그래서 앞에서 살펴본 「음양응상대론」편에는 '노여움은 간을 상하게 한다'는 설명이 있고, 『황제내경·영추』 「본신(本神)」편에는 '간의 기가 실하며 화를 잘 낸다'는 반대 설명이 실려 있는 것이다. 따라서 간이란 장기의 물질적 상태로 노여움이라는 정신적 상태가 나타날 수 있고, 반대로 노여움이라는 정신활동이 간이라는 장기를 상하게 할 수도 있다. 이것은 정신활동이 육체활동의 원인일 수도 있고, 육체활동이 정신활동의 원인일 수도 있다는 점을 분명히 보여준다.

유기체적 심신관은 『황제내경』 가운데 「백병시생(百病始生)」편에 가장 잘 드러나 있다. 이편에서는 편의 이름이 일러주는 것처럼 '모든 질병이 발생하는 원인'을 다루었다. 질병의 원인을 다루면서 「백병시생」 편은, 질병을 일으키는 데 정신활동의 중요성을 다시 한 번 강조했다.

> 모든 병은 바람, 비, 차가움, 따뜻함, 건조함, 습함, 기쁨, 노여움에서 생겨난다. 기쁨과 노여움을 절제하지 못하면 오장이 손상되고, 바람과 비는 몸의 윗부분을 손상하며, 건조함과 습함은 몸의 아랫부분을 손상한다. …… 바람, 비, 차가움, 따뜻함은 몸이 허약한 상태〔虛邪〕를 얻지 못한다면 그 자체만으로는 사람을 손상하지 못한다. 갑자기 질풍이나 폭우를 만났는데도 병이 나지 않는 사람은, 몸이 허약하지 않기 때문에 사기(邪氣)만으로 몸을 손상하지 못한 것이다. 이것은 반드시 병을 일으키는 바람과 허약한 몸이 서로 결합해야만 사기가 인체에 침입한다는 것이다. 정상적인 기후와 건강한 몸이 서로 결합하는 경우에는 모든 사람의 근육이 견실하여 사기가 침입하지 못한다. 허약한 몸에 비정상적인 기후의 사기가 침입했다면, 이것은 기후와 당시 몸의 상태 때문이고, 허약한 몸과 강한 사기가 결합하여 큰 병을 일으키는 것이다.
>
> 『황제내경·영추』「백병시생」

그들은 병의 원인으로 환경적인 요인과 아울러 몸의 내적인 원인을 들었다. 먼저 하늘에서 오는 바람과 비는 기본적으로 양(陽)에 속하기 때문에, 몸의 윗부분을 손상한다. 몸 가운데 윗부분은 양(陽)에 속하기 때문이다. 반대로 땅에서부터 오는 건조함과 습함은 기본적으로 음(陰)에 속하기 때문에 몸의 아랫부분을

손상한다. 그리고 몸 내적으로는 즐거움과 노여움 같은 정신활동이 병의 원인으로 기능할 수 있는데, 지나친 정신활동은 직접 오장을 손상한다.

이어지는 구절을 살펴보면, 우리 몸이 정상으로 작동할 때 바람, 비, 건조함, 습함 같은 외적인 요인은 병의 원인으로 기능할 수 없다는 지적이 나온다. 그렇다면 몸이 허약한 상태, 즉 허사(虛邪)가 바로 병의 근본적인 원인이라는 말이다. 여기서 우리는 즐거움과 노여움 같은 지나친 정신활동으로 일어나는 내부 장기의 손상이 얼마나 중요한 역할을 맡는지 확인할 수 있다. 감정적 동요와 같은 내적인 정신활동이 오장을 손상하지 않는다면, 외적인 요인들은 우리 몸을 상하게 할 수 없기 때문이다.

『황제내경·영추』「순기일일분위사시(順氣一日分爲四時)」편을 보면 몸을 허약하게 만드는 원인으로 '즐거움과 노여움〔喜怒〕' 같은 정신활동 이외에도 '성관계〔陰陽〕', '음식' 등을 꼽았다. 성관계는 몸속의 정기를 외부로 발산하는 행위이므로 몸을 허하게 만들 뿐만 아니라, 경맥 안에서 순환하는 기의 흐름을 요동치게 만들 수 있다. 음식은 기본적으로 우리 몸 속에 돌고 있는 기의 원재료이기 때문에 그 중요성은 말할 것도 없다. 그러나 지나치게 섭취하면 오히려 해가 되고 독이 된다는 점 역시 분명한 사실이다.

바람, 비, 건조함, 습함 등의 외적인 요인은 우리의 의지와 상관없이 우리를 엄습할 수 있지만, 정신활동, 성관계, 음식 섭취는 우리의 의지에 따라 절제하고 조절할 수 있다. 우리는 평소에 적절한 정신활동, 절제된 성관계, 균형 잡힌 식생활을 해서 몸을 건강하게 만들 수 있다. 우리가 충분히 건강하다면, 항상 우리를 엄습할 가능성이 있는 바람, 비, 건조함, 습함 같은 외적인 기운도 우리 몸을 손상하지는 못할 것이다. 『황제내경』이 단순한 의술을 넘어서 '생명을 기르는 기술', 즉 '양생술(養生術)'이 될 수 있었던 것도 바로 이런 이유 때문이다.

> 성인은 '이미 발생한 병[已病]'은 치료하지 않고 '아직 발생하지 않은 병[未病]'을 치료하며, '이미 어지러워진 것[已亂]'은 다스리지 않고 '아직 어지럽지 않은 것[未亂]'은 다스린다고 말한다. 병이 이미 생긴 뒤에 약을 쓰고 어지러움이 이미 생긴 뒤에 다스린다는 것은, 비유하자면 목이 마른 뒤에 우물을 파고 전쟁이 벌어진 뒤에 무기를 만드는 것과 같으니, 이 또한 너무 늦은 것이 아니겠는가?
>
> 『황제내경·소문』「사기조신대론(四氣調神大論)」

어떤 외적인 영향이 없어도 정신활동은 직접 몸속의 오장을 손상할 수 있다는 통찰, 그리고 몸속의 오장이 제 기능을 다하지 못할 때 그것은 우리의 정신활동에 직접적인 영향을 준다는 통찰은 『황제내경』, 나아가 동양의학 특유의 유기체적 심신관을 가능하게 만든 관점이다. 우리는 앞서 한의학에서 통용되는 네 가지 진단법에 대해 알아보았다. 그 네 가지 진단법 가운데 '유기체적 심신관'과 밀접하게 관련된 것 중 하나가 바로 '물어서 진단하는' '문진(問診)'이라는 방법이다. 문진을 통해서 의사가 환자에게 묻는 것은 사실 환자 자신의 정신활동의 역사이기 때문이다.

귀한 신분에서 비천한 신세가 된 사람이라면 외사가 침입하지 않아도 내부에서 질병이 생길 수 있다. 예전에 부유했다가 가난해졌을 때 그 처지를 한탄해서 생기는 병이 있다. 이들은 모두 오장의 기가 운행하지 못하고 울체되어 병이 된 것이다. ······ 삶을 살다가 겪게 되는 이별의 고통, 떠나간 것에 대한 그리움, 풀지 못할 억울함, 풀 길 없는 깊은 감정이나 근심, 공포, 기쁨, 노여움 등은 모두 오장을 공허하게 하고 기혈을 흩어지게 하는데, 사람의 생명을 다루는 의사가 이것을 모르고서 어떻게 의술을 말할 수 있겠는가.

『황제내경·소문』「소오과론(疏五過論)」

분명 질병은 몸에 이상 증상이 오는 것으로 확인할 수 있다. 그러나 질병은 일차적으로 인간의 정신활동에서부터 일어난다고도 할 수 있다. 과도한 인간의 정신활동 때문에 몸 안의 장기가 손상되어 병이 생길 수 있을 뿐만 아니라, 오직 이럴 때에만 바람, 비, 차가움, 따뜻함 같은 외적인 기운이 우리를 손상할 수 있기 때문이다. 그래서 동양의학은 서양의학처럼 신체의 어느 부위에 질병이 확인되면, 바로 그 부위를 국소적으로 치료하려 하지 않는다. 그것으로는 질병이 완전히 치료된다고 말할 수 없기 때문이다. 질병이 치료되기 위해서는 특정 신체 부위에 질병이 생기게 만든 진정한 원인을 확인하고 그것을 제거해야만 한다.

『황제내경』의 지적처럼 "삶을 살다가 겪는 이별의 고통, 떠나간 것에 대한 그리움, 풀지 못할 억울함, 풀 길 없는 깊은 감정이나 근심, 공포, 기쁨, 노여움" 같은 정신활동이 질병을 유발하는 직접적이고도 결정적인 원인일 수 있다. 따라서 동양의학은 환자와 대화하고 질문함으로써 그들의 정신적 역사를 읽어내려고 노력한다. 이것은 동양의학의 '유기체적 심신관'에 따를 때 피할 수 없는 일이라고도 할 수 있다. 이 점에서 경락이라는 맥을 짚어 기의 흐름을 진단하려는 절진(切診)이 『황제내경』의 '유기체적 신체관'을 반영한다면, 환자의 정신적 역사를 진단하려는 문진(問診)은 『황제내경』의 '유기체적 심신관'을 잘 보여준다고 할 수 있겠다.

5

동양 과학사상의
체계화와 동요

유기체적 자연관을 위한 형이상학

　송나라가 중국을 다스리던 때(960~1279)에는 신유학(新儒學) 또는 성리학(性理學)이라고 불리던 거대한 형이상학 체계가 완성 되었다. 무엇보다도 성리학은 불교가 패권을 차지하고 있던 동 시대의 사상적 경향을 극복하고자 했던 사유 경향이었다. 불교가 기본적으로 모든 문제들을 마음의 문제로 설명하는 사상이었기 때문에, 성리학은 불교를 극복하기 위해서 자연에 대한 객관적이 고 사실적인 연구 성과들을 종합할 필요가 있었다. 그 결과 마침 내 성리학은 동양 전통 과학사상의 성과와 업적을 통일했고, 전통적인 유기체적 세계관을 형이상학적으로 체계화하는 데 성공한 학문이다.

유기체적 세계관은 기본적으로 세계를 하나의 유기체로 생각하는 신념이다. 신유학자들은 우선 기라는 범주를 다시 생각함으로써 이를 통해 세계가 하나의 전체라는 주장을 드러내려고 시도했다. 유기체적 세계관을 형이상학으로 체계화한 신유학 최고의 사상가는 바로 주희(朱熹, 1130~1200)이다. 그는 자신의 선배 신유학자 주돈이(周敦頤, 1017~1073)의 「태극도설(太極圖說)」을 새롭게 부각하면서, 자신의 거대한 형이상학 체계를 완성한다. 먼저 주돈이의 「태극도설」을 읽어보자.

'주돈이 선생(周子)'이 말하였다. "(변화에는) 궁극의 고정된 원리가 없으면서도(無極) 최고의 원리(太極)가 있다. 태극은 운동하여 양(陽)을 낳는다. 운동이 극단에 이르면 정지한다. 그것은 정지하여 음(陰)을 낳는다. 정지상태가 다하면 다시 운동한다. 한 번은 운동하고 한 번은 정지하는 것이 순환하여 서로 그 뿌리가 된다. 순환과정에서 음으로 갈라지고 양으로 갈라져서 음양의 두 짝이 세워진다. 양이 변하고 음이 그것과 결합하여 수·화·목·금·토의 오행을 낳는다. 이 다섯 가지 기가 순조롭게 펼쳐질 때 네 계절이 질서 있게 운행된다. 오행은 곧 음양의 한 체계이고, 음양은 태극의 한 체계이다. 태극은 본래

무극이다. 음양에서부터 오행이 구성되면 그것들은 각각 특수한 본성을 갖는다. 무극의 실재와 음양오행의 본질은 신묘하게 결합하여 통합된다. '하늘의 도[乾道]'는 남성적인 요소를 이루고 '땅의 도[坤道]'는 여성적인 요소를 이루면서, 음양의 두 기는 서로 교감하여 만물을 변화·생성한다. 그럼으로써 만물은 생성되고 또 생성되어 변화가 끝이 없다.

『주돈이집(周敦頤集)』「태극도설(太極圖說)」

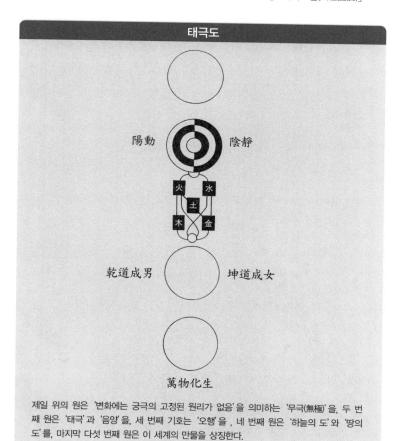

태극도

陽動　　陰靜

乾道成男　　坤道成女

萬物化生

제일 위의 원은 '변화에는 궁극의 고정된 원리가 없음'을 의미하는 '무극(無極)'을, 두 번째 원은 '태극'과 '음양'을, 세 번째 기호는 '오행'을 , 네 번째 원은 '하늘의 도'와 '땅의 도'를, 마지막 다섯 번째 원은 이 세계의 만물을 상징한다.

동양 전통 과학사상을 이끌어오던 핵심범주들, 기, 음양, 오행이 이제 '태극'이란 범주와 만나 유기적으로 결합된다. 그렇다면 이때 태극(太極)이란 과연 무엇일까? 먼저 태극을 상징하는 문양을 살펴보자. 태극 문양(◒)은 음과 양을 상징하는 두 색으로 이루어진 원 모양이다. 여기서 우리는 태극 문양 자체가 근본적으로 유기체론을 상징하고 있다는 점을 이해할 수 있다. 유기체란 바로 '질적으로 상이한 부분들의 통일체'이기 때문이다.

흥미로운 것은 태극 문양의 원을 그 중심부를 지나도록 양분한다고 할지라도, 우리는 이 문양을 순수한 양과 순수한 음으로 양분해낼 수 없다는 점이다. 이것이 바로 태극(太極)을 강조했던 전통 동양 사람들의 생각이다. 이 세계에는 순수하게 남자만 있는 것도 아니고 순수하게 여자만 있는 것도 아니다. 나아가 남자 안에도 남자의 측면과 여자의 측면이 있으며, 여자 안에도 남자의 측면과 여자의 측면이 내재돼 있다. 또 인간에게는 순수한 기쁨만이 있는 것도 아니고, 또한 순수한 괴로움만이 있는 것도 아니다. 더 나아가 기쁨 안에도 기쁨의 측면과 괴로움의 측면이 함께 있고, 괴로움 안에도 기쁨의 측면과 괴로움의 측면이 함께 있다고 보았다. 바로 이렇게 모순되어 보이는 두 측면이 공존하는 것이 세계의 모습이라고 동양 사람들은 생각했고, 이것을 형상화해서 만든 것이 바로 태극 문양이다.

결국 오행, 음양, 기를 태극으로 수렴했을 때, 주희는 우주의 기원을 유기체적인 것으로 설정한 셈이다. 흥미로운 것은 주희가 태극, 음양, 오행의 범주적 운동을 거친 뒤 이 세상에 모습을 드러낸 만물 속에 모두 태극이 내재되어 있다고 생각한 점이다. 그래서 주희는 「태극도설」을 읽으면서 다음과 같은 주석을 붙였다.

> 남녀를 살펴보면 남녀가 각각 그 본성을 가지고 있지만, 동시
> 에 남녀도 하나의 태극이다. 만물을 살펴보면 만물들이 각각
> 그 본성을 가지고 있지만, 만물들도 하나의 태극이다. 합쳐서
> 말한다면 만물을 총괄하는 것이 하나의 태극이다. 또 나누어
> 말한다면 각각의 사물이 하나의 태극을 갖고 있는 것이다.
>
> 『태극도설해(太極圖說解)』

'태극이 개체를 낳고 개체에는 태극이 들어 있다'는 주장은 현
대인이 볼 때 이해하기 어려운 것일 수 있다. 그렇지만 다음과 같
이 비유를 들어 생각해보자. 암탉이 병아리를 낳았다고 하자. 여
기서 암탉은 '태극'을, 병아리는 '만물'을 상징한다. '태극이 개
체를 낳았다'는 것은 어떤 암탉이 병아리를 낳았다는 것에 비유
할 수 있다. 그런데 이것으로 과연 끝일까? 병아리도 나중에 자
라나면 암탉이 될 수 있는 잠재성이 있기 때문이다.

'개체에 태극이 내재한다'는 말은 새로 태어난 병아리 안에 암
탉이 될 수 있는 잠재성이 있다는 것으로 비유할 수 있다. 그러나
이것은 단순한 비유 그 이상의 의미가 있다. 우리는 이미 살아 있
는 유기체로서의 신체를 다룬 『황제내경』을 읽어보지 않았는가?
신체를 전체 세계로 그리고 손바닥을 이 세계의 부분으로 비유해
서 생각해보자. 동양의학에 따르면 이 손바닥 안에 전체 세계가
들어 있지 않았던가? 손바닥의 어떤 부위에 침을 놓으면 그것은
신체 내부의 어떤 장기에 강하게 영향을 준다. 결국 유기체적 세

계관에 따르면 분명히 부분은 전체를 자신들의 관점에서 다시 반영한다.

만물에 내재해 있는 태극은 이미 앞에서 본 것처럼 유기체적 원리라고 할 수 있다. 주희는 이렇게 만물에 내재한 태극을 간단히 줄여 이치[理]라고도 불렀다. 주희가 제안한 학문방법 가운데 하나로 '궁리(窮理)'가 있다. 이것은 어떤 사물의 이치[理]를 완전히 파악하는 것을 말한다. 그러나 결국 사물의 이치를 파악한다는 것은, 우리가 그 사물이 전체 세계에서 어떤 기능과 역할을 수행하는지 이해한다는 것을 의미한다. 주희가 자신의 제자들과 대화를 나누었던 흥미진진한 문답내용을 한 번 엿보자.

자, 여기에 의자가 하나 있잖아. 다리가 네 개 달렸기 때문에 우리는 이 의자에 앉을 수 있지. 이것이 바로 이 의자의 이치라는 거야. 이 의자에서 다리 한 개를 없애면 어떻게 될까? 아마 우리는 앉을 수 없게 될 것이다. 이 경우 우리는 이 의자가 자신의 이치를 잃었다고 말해야 돼. 『주역』에는 "형체가 없어서 보이지 않는 것〔形而上〕이 도(道)이고, 형체가 있어서 눈에 보이는 것〔形而下〕이 그릇〔器〕이다"라는 말이 있다. 이것은 바로 '눈에 보이는 그릇〔器〕' 속에 저 '눈에 보이지 않는 도(道)'가 있다는 의미가 있단다. 그러니까 '눈에 보이는 그릇'을 '눈에 보이지 않는 도'라고 여겨서는 결코 안 되는 법이지. 예를 들어볼까? 내 손에 부채가 있잖아. 이것이 바로 (눈에 보이는 그릇과 같은) 사물인데, 이 안에 부채의 이치가 들어 있다는 말이야. 부채는 펴서 부치도록 만들었기 때문에, 반드시 이렇게 펴서 부치는 데 써야 하는 거야. 이것이 바로 눈에 보이지 않는 도인 셈이지. 그럼 하늘과 땅 사이를 생각해보자. 위는 하늘이고, 아래는 땅 그리고 그 사이에는 많은 것이 있지. 태양, 달, 별, 산, 하천, 풀, 나무, 사람, 동물, 날짐승, 들짐승 등등. 이런 것들이 바로 '눈에 보이는 그릇'들이야. 그렇지만 이런 것들 안에도 곧 자신만의 고유한 이치가 있는데, 이것이 바로 '눈에 보이지 않는 도'이지.

『주자어류(朱子語類)』(권 60) 「중용(中庸)1」

주희에게 의자의 이치는 의자의 물리적 속성을 의미하지 않았다. 다시 말해 내 앞에 있는 의자의 이치는 구체적인 의자에 있는 특성을 의미하지 않는다는 말이다. 전체 높이는 80센티미터, 등받이는 둥근 모양, 무게는 5킬로그램 등과 같은 것은 주희 눈에는 보이지 않는, 즉 형이상의 이치가 결코 아니었다. 오히려 그에게 의자의 이치는 인간이 앉을 수 있도록 하는 데 있다. 그래서 주희는 의자에서 다리를 하나 없애서 앉을 수 없게 되었을 때, 의자는 자신의 이치를 잃어버렸다고 설명한 것이다. 현대인은 다리가 하나 없어서 앉을 수 없는 의자라고 할지라도, 그것은 여전히 의자라고 이야기한다.

그렇다면 도대체 사물의 이치는 정확히 무엇을 말할까? 의자의 예에서 보듯이 그것은 의자와 인간을 조화로운 관계, 즉 유기체적 관계에 들어가게 하는 어떤 원리라고 할 수 있다. 이것은 태극 문양이 상징하는 것과 같다. 태극은 '질적으로 서로 다른 부분의 통일체'라는 유기체적 원리를 상징하는 개념이기 때문이

다. 결국 이런 태극이 의자에 들어 있는 것이 바로 의자의 이치라고 할 수 있다. 따라서 의자의 이치는 인간과 유기체적 관계를 맺을 수 있게 해주는 원리라고 표현할 수 있다.

주희는 의자나 부채를 포함한 이 세계의 모든 것 안에 바로 이런 이치가 각각 들어 있다고 주장한다. 이것은 만물이 전체 세계라는 유기체 속의 부분으로서 존재하게 만들어졌다는 것을 의미한다. 그렇다면 인간이 만물의 이치를 안다는 것은 그것이 어떻게 전체 세계에서 조화롭게 참여할 수 있는지 아는 것과 같다. 이런 이치의 특징을 명확히 하기 위해서 예를 하나 더 들어보자. 원자폭탄이 있을 때, 주희는 이 원자폭탄에도 이치가 있다고 이야기할 수 있을까? 이런 질문을 그에게 던지는 이유는 원자폭탄은 세계 전체를 완전히 멸망시킬 수 있는, 다시 말해 조화로운 유기체적 세계관에서는 매우 위험한 물건이기 때문이다. 당연히 주희에게 원자폭탄은 이치가 결여되어 있는 것으로 보였을 것이다. 반면 현대인은 원자폭탄의 진리에 대해 얼마든지 이야기할 수 있다. 그것은 물론 원자폭탄이 어떤 원리로 터지는지 또는 터졌을 때 얼마나 많은 생명을 죽이는지에 관한 논의일 것이다.

인간을 전멸시킬 수 있다는 점을 전혀 고려하지 않고서도, 우리는 원자폭탄을 원자폭탄에 있는 물리적·화학적 속성으로서 충분히 설명하고 다룰 수 있다. 이런 주장은 인간의 윤리적이거나 주관적 견해를 떠나서 원자폭탄에 접근하는 객관적 주장이라고 할 수 있다. 서양의 과학정신은 이처럼 윤리적이거나 미학적인 관심을 문제 삼지 않고, 순전히 이론적인 관점에서 사물을 살펴보려는 의지라고 할 수 있다. 바로 이런 의지를 통해서 인간은 자연물을 주관적인 관심이 아니라 객관적인 관심으로 바라볼 수 있게 되었다. 반면 주희의 과학정신은 기본적으로 조화와 균형이라는 윤리적이고 미학적인 관심을 동시에 수반한다. 아니 더 정확히 말해서 그에게는 윤리적이거나 미학적인 관심, 즉 인간적인 관심만이 사물을 바라볼 때 가장 중시되는 유일한 관점이었다고 말할 수 있다.

유기체적 자연관의 동요와 해체

2천여 년 동안 지속되어서 이제 영원히 변하지 않을 진리가 되어버린 유기체적 자연관, 결코 동요할 것 같지 않아 보였던 유기체적 자연관에 마침내 틈이 생기기 시작했다. 이런 균열은 서양문명과 만나면서 조금씩 생겨나기 시작했다. 물론 이것은 서양문명이 유기체적 자연관 자체를 직접 와해시켰다는 것을 의미하지는 않는다. 오히려 서양문명과 만나면서 동양의 지성인들은 자신들의 신념체계를 반성할 수 있는 계기를 마련했다는 표현이 더 적절할 것이다. 다시 말해 동양의 지성인들은 자신들의 신념체계가 결코 절대적인 것이 아니라 상대적인 가치를 지닐 수도 있다고 느끼기 시작했다는 말이다. 바로 이것이 동양 삼국, 즉 한국, 중국, 일본 등지에서 전개된 실학(實學) 운동이 중요한 의미를 갖는 이유다.

중국이나 일본의 실학자들은 비록 서양문명에 대해 자극을 받았지만 근본적으로 그것을 체계적으로 흡수하는 데는 별다른 노력을 기울이지 않았다. 그러나 한국의 실학자들은 매우 달랐다. 그들은 서양의 사상이나 과학기술에 대한 저술에 심취했을 뿐만 아니라, 그로부터 얻은 교훈을 통해 전통 과학사상을 비판적으로 볼 수 있는 안목을 갖추고 있었기 때문이다. 우리나라에는 많은 실학자들이 있지만, 그중 동양의 전통 과학사상에 대해 나름대로의 명확한 입장을 전개했던 대표적인 인물로는 **정약용**과 **최한기**를 들 수 있다. 그럼 이제부터 두 명의 저명한 실학자가 어떤 생각을 했는지 그들의 속내를 살펴봄으로써 실학이 어떤 방식으로 유기체적 자연관을 비판했는지, 어떻게 유기체적 자연관을 뒤흔들었는지 살펴보자.

서한시대에 쓰인 『회남자』와 『황제내경』이 중요한 이유는 이 책이 바로 기, 음양, 오행이라는 범주를 종합한 유기체적 세계관의 모델을 처음으로 전개했기 때문이다. 고대 중국인은 이런 세계관을 자연현상뿐만 아니라 인간의 질병에도 적용했다. 앞에서 살펴보았듯이 9백여 년 전 유기체적 세계관은 주희에 의해 태극이라는 최종 범주를 정점으로 하는 거대한 형이상학 내에서

정약용

정약용은 조선 실학 운동의 철학적인 집대성자다. 그는 성리학의 사변적 형이상학 체계를 넘어서서 공자와 맹자의 유학 사상으로 복귀하려고 했다. 그의 생각에 따르면 성리학은 인간의 윤리적 실천을 강조하는 유학인 것처럼 보이지만, 기본적으로 불교와 다름없이 사변적이고 유아론적인 학문에 지나지 않았다. 그의 모든 저작은 『여유당전서(與猶堂全書)』에 실려 있다.

최한기

최한기는 수많은 저작에서 경험주의적 인식론을 확립했고, 사물을 수학적·실증적으로 파악해야 한다고 주장했다. 특히 중요한 것은 그가 질적인 경험을 나타내는 개념인 기(氣)를 양화 가능한 것으로 만들려고 노력했다는 점이다. 그는 천문·지리·농학·의학·수학 등 학문 전반에 박학하여 1천여 권의 저서를 남겼지만, 현재는 15종 80여 권만이 남아 있다. 그 가운데 대표적인 저서로는 『추측록(推測錄)』, 『신기통(神氣通)』, 『기측제의(氣測體義)』, 『기학(氣學)』, 『신기천험(身機踐驗)』 등이 있다.

체계화되었다. 따라서 유기체적 자연관의 핵심을 이루는 것은 결국 기, 음양, 오행이었다고 할 수 있다. 정약용은 그의 저서 『중용강의보(中庸講義補)』에서 바로 이러한 범주 자체를 근본적으로 비판하면서 해체하려고 시도한다.

> 음양이란 개념은 태양빛이 비치거나 가리는 자연현상으로부터 유래한 것이다. 태양이 가리면 '음'이라고 하고 태양이 비치면 '양'이라고 하니, 음양은 원래 어떤 실체를 가지고 있는 것이 아니라 단지 밝고 어두운 현상만을 가리키는 개념이었다. 그래서 음양은 만물의 부모라고 여길 수 없는 것이다.

> 하늘의 도는 넓고 크고, 또한 사물의 이치[理]는 비밀스럽게 숨겨져 있어 쉽게 추측할 수 없다. (물·불·나무·쇠·흙이라는) 오행은 다른 것과 마찬가지로 사물들에 불과한 것인데, 오행이 만물을 낳는다는 이론은 또한 곤란한 것이 아니겠는가? …… 지금 혈기를 가지고 있는 동물들을 갈라서 살펴보아도 쇠[金]와 나무[木] 등과 같은 것들을 볼 수가 없으니, 장차 어디에서 오행론이라는 법칙을 검증할 수 있겠는가?

『중용강의보(中庸講義補)』

유기체적 세계관에서 음양, 오행, 기, 이치는 사물이 발생하기 이전에 존재하는 근본적인 범주였다. 『회남자』 「천문훈」의 우주발생론을 단순화해보면 만물은 다음과 같은 순서로 생성되었다. '기→음양→사시[五行]→만물.' 또한 주돈이의 「태극도설」에 따르면 다음과 같은 순서로 만물이 생성된다. '태극[理]→음양→오행→만물' 결국 전통적인 과학사상에 따르면 이치, 기, 음양, 오행 등이 항상 만물에 선행하는 근본적인 원리였다고 할 수 있다.

그러나 실학자 정약용에 이르면, 음양이란 단순히 태양빛과 관련된 어두움 또는 밝음을 기술하는 경험적인 용어에 지나지 않는다. 나아가 정약용은 오행도 원리나 실체가 아닌, 자연세계에서 우리가 발견하는 다섯 가지 물질에 지나지 않는 것이라고 설명했다. 더구나 오행이 만물을 규정하는 원리라면, 살아 있는 생명체를 하나 잡아 배를 갈라보자고 서슴없이 주장한다. 이런 표현은 오행론이 어떻게 경험적으로 검증될 수 있겠느냐는 강한 불신을 반영한다. 결국 음양과 오행의 범주를 비판하는 정약용의 논점은, 이 두 범주가 사물 이전에 존재하는 근본적인 존재원리가 아니라는 것, 오히려 사물이 발생한 다음에야 의미가 있는 경험적 현상을 기술한 용어에 지나지 않는다는 것을 보여주었다.

그러나 동양 전통 과학사상의 중핵은 여전히 기나 이치였다. 따라서 유기체적 자연관을 해체하려는 정약용의 시도가 성공하려면, 그는 결국 기나 이치라는 최종 범주마저도 철저하게 해체해야만 했다. 그래서 정약용은 기와 이치에 대해 마지막 비수를 빼든다.

기(氣)라는 것은 '스스로 존재하는[自有]' 사물을 말하고, 이치[理]는 '붙어 있는[依附]' 속성일 뿐이다. '붙어 있는' 것(이치)은 반드시 '스스로 존재하는' 것(기)에 의지해야만 한다. 그러

므로 기가 드러나야 이것에 대한 이치[理]가 있게 된다.

『중용강의보(中庸講義補)』

　정약용에게 기(氣)는 스스로 존재하는 대상을 가리키는 범주이고, 이치[理]란 이런 경험 대상에 속해 있는 일종의 속성에 지나지 않는 것이다. 따라서 이치란 사물이 생기기 이전에 존재하던 실체라는 주희의 주장은 잘못되었다는 것이다. 이렇게 정약용은 유기체적 자연관의 핵심을 구성하던 이치, 기, 음양, 오행 등의 범주를 철저하게 공격한다. 중요한 것은 바로 이런 비판의 귀결이다. 유기체적 세계관은 기본적으로 전체 세계를 '질적으로 서로 다른 부분의 통일체'로 이해하는 견해였다. 그런데 유기체적 세계관의 핵심범주를 붕괴시킴으로써, 정약용은 결국 세계의 통일성을 파편화한 것이다. 이것은 그의 비판을 거치면서 질적으로 서로 다른 부분의 '통일체'로서의 세계가 질적으로 서로 다른 부분의 단순한 '집적체'로 변했다는 것을 의미한다.

　신유학에서는 모든 것이 통일되어 있기 때문에, 하나만 제대로 알아도 모든 것을 알 수 있었다. 그러나 정약용에 따르면 우리는 하나하나를 구체적인 과학정신을 가지고 탐구해야만 한다. 바로 이 점이 중요하다. 그가 구체적으로 어린아이들을 위해 학자 학습서 『아학편(兒學編)』을 만들거나, 혹은 구체적이고 실증적인 역사지리서 『아방강역고(我邦疆域考)』를 만들 수 있었던 이유도 바로 여기에 있다. 그러나 우리가 잊지 말아야 할 것은 정약용이 신유학의 유기체적 자연관을 해체하면서 제시한 세계관은 근대 서양의 기계론적 자연관과는 차이가 있다는 점이다. 앞에서 살펴보았듯이 '질적으로 다른 부분'이 함께 있는 세계란 기본적으로 서양 중세, 즉 아리스토텔레스의 자연관에 입각한 세계와 비슷한 것일 뿐이다.

바로 이 점에서 우리는 사상사적으로 흥미로운 부분 하나를 지적해둘 필요가 있다. 정약용은 '기'를 '스스로 존재하는〔自有〕 사물'의 범주로, 그리고 '이치'를 이 사물에 '붙어 있는〔依附〕 속성'으로 간주했다. 그런데 그의 이런 신념이나 개념은 정약용의 독창적인 견해라기보다는, 사실 중국에서 들어온 예수회 신부 마테오리치(Matteo Ricci, 1552~1610)의 『천주실의(天主實義)』에서부터 배운 내용이었다고 말할 수 있다.

사물의 범주에는 두 가지가 있습니다. 실체〔自立者〕가 있고 속성〔依賴者〕이 있습니다. 다른 개체에 의뢰하지 않는 사물로서 자립적인 개체로서 존립할 수 있는 것, 예를 들면 하늘과 땅, 귀신, 사람, 새와 짐승, 초목, 쇠와 돌, 사행(四行) 등이 이것입니다. 이런 것들은 실체의 범주에 속하는 것들입니다. 스스로는 설 수 없는 사물로서 다른 물체에 의탁하여 존립하는 것, 예를 들면 오상(五常), 오색(五色), 오음(五音), 오미(五味), 칠정(七情) 등 이것입니다. 이런 것들은 속성의 범주에 속하는 것들입니다. 이제 (예로) '흰 말〔白馬〕'을 살펴보면, '흼〔白〕'이라고도

하고 '말(馬)'이라고도 합니다. 그런데 '말'은 실체요, '흼'은 속성입니다. 비록 그 '흼'이 없을지라도 말은 그대로 존재합니다. 만약 그 말이 없으면 필연적으로 흰색은 존립할 수 없기 때문에 (흰색은) 속성이 되는 것입니다. 이 두 가지 사물의 범주들을 존재의 형식에서 비교해보면, 실체가 속성보다 앞서 있어서 더 귀중하고 속성은 실체가 있고 난 나중의 것이라서 천한 것입니다.

『천주실의』(2권)

예수회 신부인 마테오리치는 기본적으로 중세의 자연관을 수용한 스콜라 철학의 입장에 서 있던 인물이다. 잘 알다시피 중세 스콜라철학은 기독교라는 종교와 아리스토텔레스의 철학을 결합해 출현한 사상이다.

결국 마테오리치가 사용하는 두 범주, 즉 '실체〔自立者〕'와 '속성〔依賴者〕'이라는 범주는, 만물의 존재 양태에 대한 아리스토텔레스의 두 범주, 즉 '실체(substance)'와 '속성(attribute)'에서 차용한 것이다. 이렇다면 결국 정약용이 기와 이치를 정의하면서 사용한 두 범주는, 마테오리치를 거쳐서 아리스토텔레스로까지 그 기원을 찾을 수 있는 것이었다. 이것은 정약용이 '유기체적 세계관'이라는 동양 전통 과학사상을 비판하는 과정에서, 의도하지 않게 아리스토텔레스의 중세적 세계관을 다시 끌어들이고 있다는 점을 말해준다고 볼 수 있다.

결국 정약용은 서양의 근대적 자연관에는 이르지 못했던 것이다. 근대적 자연관의 핵심은 바로 양화(量化)의 원리라고 볼 수 있기 때문이다. 양화는 질적으로 경험되는 자연현상을 경험되지 않는 동질적인 요소로 분해하여, 그 요소의 집합 또는 양적인 관계를 통해 자연현상을 수학화해서 설명하는 근대 자연과학의 의지를 반영한다.

이 점에서 우리는 19세기에 살았던 최한기라는 독특한 철학자를 살펴볼 필요가 있다. 그는 기라는 실체를 수학적으로 측정하고 실험을 통해 검증하려 한 최초의 실학자였기 때문이다.

> (우주에 가득 차 여러 가지 형상으로) 나열되어 있는 기(氣)를 구획짓고, 기의 원근·지속을 비교, 검증하고, 장·단, 대·소, 경·중을 헤아리며, 냉·열, 조·습을 징험하고, 또 기가 시시각각 변해가는 것을 측정한다. 물과 불의 기를 변통하고 크고 무거운 기를 움직이는 것은 역수학(曆數學)과 기계학(器械學)이 능한 바이다. 기계가 아니면 기에 착수할 수 없고 역수가 아니면 기를 나누어 볼 수 없으니, 역수와 기계가 서로 드러내주어야 기를 인식하고 증험할 수 있다.
>
> 『기학(氣學)』

최한기에 이르러서 기는 갖가지 실험기구와 수학을 통해서 양화되어 객관적으로 측정되는 것으로 이해되기 시작한다. 그러나 그렇다고 해서 최한기가 서양의 근대적 자연관을 그대로 수용했다고 오해해서는 안 된다. 이 점은 그가 기라는 범주를 아직도 사용한다는 점에서도 간접적으로 확인된다. 그는 자연세계에서 운행되는 기의 본질을 활동운화(活動運化), 즉 자발적으로 유동하는 것이라고 이해했다. 이것은 분명 동양 전통 과학사상이 공유하던 기 개념을 어느 정도 인정하는 것이다. 그러나 그가 말한 기의 작용은 반드시 한열조습(寒熱燥濕)으로 드러나며, 이것은 측정 가능한 것으로 판단된다. 한열조습, 즉 냉기, 열기, 건조함, 습함은 분명 질적인 경험 개념이다. 그러나 그는 이런 질적인 기에 대한 경험을 양적으로 측정 가능하다고 생각하게 된다. 바로 이점이 최한기가 근대적 자연관에 연결되는 지점이다. 『추측록(推測錄)』이라는 책에서 최한기가 차가움과 열기를 재는 온도계와 건조함과 습함을 재는 습도계를 그림까지 곁들이며 자세하게 설명한 것도 바로 이런 이유에서다. 온도계와 습도계는 인간의 주관적이고 질적인 온도와 습도에 대한 경험을 수치로 양화함으로써 객관적으로 보여주는 장치가 아닌가?

최한기는 동양 전통 과학사상과 서양의 근대적 자연관의 결합을 시도한 특이한 인물이었다. 그런데 여기서 한 가지 흥미로운 점은 그가 『황제내경』으로 대표되는 동양의학을 비판적으로 바라본다는 사실이다. 동양의학의 가장 큰 특징 또는 문제점은 뇌를 망각한 것이라고 할 수 있다. 『황제내경』에서 뇌는 뼈와 비슷한 위상을 차지할 정도로 그 비중이 매우 줄어들어 있다. 그래서 동양의학은 정신활동의 자리를 뇌가 아니라 몸속의 장기에 제각각 배속시킬 수밖에 없었다. 그러나 최한기는 의사이자 선교사였던 홉슨(Benjamin Hobson, 1816~1873)이 한문으로 번역한 『전체신론(全體新論)』, 『서의약론(西醫略論)』, 『내과신설(內科新說)』 등을 공부할 수 있었다. 그가 자신이 공부한 서양의학서를 거의 베끼다시피 하면서 만든 책이 바로 『신기천험(身機踐驗)』이다. 이 책의 일부를 직접 읽어보자.

소리와 빛깔과 냄새와 맛과 여러 감각은 일차, 또는 이차, 삼차, 사차에 걸쳐 뇌에 도달하고 뇌에 젖어 깊어진다. 처음에 뇌에 도달한 시각을 가지고 다시 뇌에 도달한 시각과 비교하고, 또 뇌에 도달한 소리를 가지고 다시 뇌에 도달한 시각을 검증하여 추측(推測)이 생긴다. 이미 사람의 뇌에 도달한 여러 감각으로써 대상에서 뇌에 도달하는 여러 감각을 비교하여 변통(變通)이 생긴다.

『신기천험(身機踐驗)』

이렇듯 최한기는 뇌의 역할과 기능을 다음과 같이 긍정하면서 전통 동양의학에서부터 어느 정도 벗어나기 시작한다. 나아가 그는 이 책 다른 부분에서 홉슨의 견해를 따라서 전통 동양의학의 약점을 다음과 같이 세 가지로 지적하기까지 한다. 첫째, 동양의학은 해부학적 기초가 약하다. 둘째, 동양의학은 인체의 실제 구조도 정확히 모르면서 오행론을 도식적으로 적용한다. 셋째, 동양의학은 의료제도나 의사를 양성하는 측면에서 서양에 뒤떨어져 있다.

얼핏 들으면 최한기는 그나마 질병을 고치는 데 현실적으로 기능하던 동양의학마저도 철저하게 거부하면서, 서양의학의 해부학적 사고를 따르는 것처럼 보인다. 그러나 그는 인간의 인식이 몸 안에 끊임없이 운행하는 신기(神氣), 즉 정신의 기운 때문에 가능하다고 주장한다.

따라서 그는 인간의 정신활동이 동양의학처럼 심장[心]과 관련된 것도 아니고 그렇다고 해서 서양의학이 말하는 것처럼 뇌에만 국한된 것도 결코 아니라고 보았다.

최한기의 신기 개념은 신체의 경락을 따라 기가 부단히 운행하고 있다는 『황제내경』의 기 개념과도 일정한 연관을 가진 것이었다.

최한기는 인간의 정신활동이 심장이나 뇌에 국한된 현상이 아니라, 인간이란 유기체 전체와 관련된 것이라고 통찰했다. 이런 면에서 볼 때, 그의 통찰은 동양 전통의 과학사상과 아울러 서양의 근대 과학사상을 비판적으로 통합하려는 시도의 한 단면을 보여준다고 할 수 있다. 이런 시도는 과학적으로나 철학적으로 매우 중요한 함축을 갖는다. 그중 가장 중요한 것은, 최한기의 시도가 동양의 전통적인 질적 세계관을 근대 서양의 양적 세계관과 융합시키려는 모색이었다는 점이다.

현재 우리나라의 많은 한의사들도 최한기가 했던 고민을 반복하고 있는 실정이다. 앞에서 살펴보았던 것처럼 음양오행설로 이해되는 동양의 질적 세계관이 가장 유효한 부분은 아마 질병과 건강을 다루는 의학 분야일 것이다. 그것은 동양의 세계관이 기본적으로 유기체적 자연관을 표방하고 있기 때문이다. 분명 유기체적인 자연관으로서 유기체로서의 신체를 다룰 때 우리는 가장 효과적으로 질병을 다룰 수 있을 것이다. 따라서 인간의 신체와 질병을 다룰 때 유기체적 자연관은 단순한 요청이 아니라, 하나의 공리라고도 할 수 있을 것이다. 인간의 살아있는 몸은 기계가 아니라 유기체이기 때문이다. 바로 이 점이 점성술이나 풍수지리설과는 달리 한의학의 미래가 밝은 이유다. 그러나 한의학은 서양 근대의 양적 세계관이 제공했던 실험 가능성이나 반증 가능성, 즉 과학적 객관성을 확보해야만 한다. 만약 과학적 객관성을 확보하려는 노력을 게을리 한다면, 한의학도 풍수지리설과 같은 운명을 겪지 않을 수 없게 될 것이다.

지금까지 우리는 정약용과 최한기를 통해서 실학의 과학적 사유가 어떻게 기존의 유기체적 세계관을 공격하고 있는지 살펴보았다. 중요한 것은 중국이나 일본의 실학자들과는 달리 정약용과 최한기는 서양문명 전통에 대한 나름대로의 정확한 이해를 가지고 있다는 점이다. 그러나 두 사람이 받아들였던 서양문명 전통은 상이한 것이었다.

정약용의 경우는 마테오리치로부터 유래한 서양 중세의 문명을 받아들였다. 결과적으로 그는 유기체적 자연관을 붕괴시키기는 했지만, 일상적이고 경험적인 서양 중세 과학에 머물게 된다. 반면 최한기의 경우는 오히려 서양 근대의 과학사상을 받아들인다. 물론 그렇다고 해서 최한기가 정약용보다 더 진보적이라고는 이야기할 수 없을 것이다. 정약용과는 달리 최한기는 오히려 기존의 유기체적 자연관을 확고하게 유지하고 있기 때문이다.

이 점에서 정약용이나 최한기 모두 유기체적 자연관에 대한 이해 없이는 이해될 수 없다고 할 수 있다. 정약용에게서 유기체적 자연관은 극복되어야 할 대상이었지만, 최한기에게서 그것은 서양의 근대과학을 넘어서 긍정적으로 수용되어야 할 대상이었다. 그렇다면 두 사람 중 어느 쪽 입장이 옳다고 할 수 있을까? 이것은 쉽게 답할 수 있는 성질의 물음은 아니다. 그러나 확실한 것은 어느 쪽의 입장이 인간의 삶을 더 풍성하게 하느냐의 여부에 따라서 대답이 달라질 것이라는 점이다. 과학은, 동양과 서양

이라는 구분을 넘어서서, 인간을 더욱더 자유롭게 하는 학문이
어야만 하기 때문이다.

3rd. Street

지식토크
테마토크

어느 젊은 양의사가 한의학을 '과학적으로 설명할 수 없는 사이비 학문' 이라고
비판하면서 한의학과 양의학의 팽팽한 신경전이 시작된다.
우리나라는 한의학과 양의학이 공존하고 있기 때문에
이 둘의 대결은 초미의 관심사로 떠오른다.
한의사와 양의사의 토론회를 통해 동양의학과 서양의학의 차이를 알아보고
그들이 과연 화합의 길을 선택할 수 있을지 지켜보자.

한의사와 양의사, 한판 승부

토론 상황 우리 사회에는 질병과 치료에 대한 서로 다른 두 의학체계, 즉 한의학과 서양의학이 공존한다. 그런데 두 의학체계는 세계관에서부터 기본적으로 차이가 나기 때문에, 언제든 충돌할 수밖에 없었다. 어느 젊은 양의사가 신문 칼럼에 한의학을 사이비 학문이라고 주장하면서 이런 충돌은 더욱 심각해졌다. 그는 치유가 불가능한 말기 암환자를 대상으로 검증이 안 된 비싼 한

약재를 팔아먹고, 전통 치료법이라고 하면서 확실한 효험이 밝혀지지 않은 여러 시술을 행한 일부 한의사들을 비판했다. "과연 그들이 의사 자격이 있는 사람들인지, 또는 남의 불행을 빌미로 근거 없는 관념을 팔아서 부를 축적하는 사기꾼인지 모르겠다"고 말한 것이다. 이에 대해 한의사 단체는 이 젊은 양의사를 성토하는 대회를 연이어 열었고, 이에 질세라 양의사 단체에서도 한의학 일반의 문제점을 지적하는 기자회견을 열었다. 이런 갈등의 본질이 무엇인지, 그리고 그 쟁점은 무엇인지 진단하기 위해 오늘 토론회가 열리게 되었다.

토론 참석자 사회자, 한의사, 양의사

|사회자| 인간의 삶은 생로병사(生老病死)라는 네 과정으로 요약될 수 있다고 합니다. 이 네 과정에 병(病), 즉 질병이 들어 있는 것만 보아도, 우리 인간이 질병에 대해 얼마나 큰 공포와 관심을 가지고 있는지 잘 이해할 수 있습니다. 그래서 무병장수(無病長壽)를 개인이 누릴 수 있는 최고의 행복이라고 생각하는 것은 문명권 어디에서나 공통적인 인식이라고 할 수 있습니다. 그런데 문제는 죽을 때까지 한 번도 병에 걸리지 않는 사람은 거의 없다는 점입니다. 이 점에서 인간은 죽을 때까지 질병과 같이 갈 수밖에 없는 존재라고 할 수 있습니다. 이런 이유 때문에 인류는 질병에 대처하는 학문을 오랫동안 발전시켜왔습니다. 그것이 바로 의학이라는 학문이었죠. 의학은 문화나 문명권에 따라 다르게 발전할 수밖에 없었습니다.

잘 알다시피 동양에서는 진맥과 침으로 상징되는 동양의학이, 서양에서는 메스와 가위로 상징되는 서양의학이 발전해왔습니다. 그런데 흥미로운 것은 현재 우리나라의 경우, 서로 다른 두 의학이 공존한다는 사실입니다. 그것이 바로 한의학과 양의학입니다. 그러나 지금 우리 사회 일각에서는 양의사들이 한의학을 사이비 과학이라고 비난하고 있고, 또한 한의사들은 서양의학이 생명을 기계처럼 본다며 비판하는 실정입니다. 그렇다면 과연 어느 쪽의 주장이 옳을까요? 이것은 단순히 학문적인 관심으로만 국한될 문제는 아니라고 봅니다. 왜냐하면 양의학이냐 한의학이냐 하는 문제는 실생활에 매우 심각한 파급 효과를 미치는 문제이기 때문입니다. 예를 들어 병에 걸렸을 때, 우리는 한의사에게 가야 할까요, 아니면 양의사에게 가야 할까요? 병은 너무나 급하고 절박한 문제입니다. 만약 둘 중 하나가 잘못된 의약이라면, 우리의 선택은 치명적일 수밖에 없을 것입니다. 그래서 국민에게 질병과 의학에 관한 올바른 판단 기준을 제공하기 위해서 한의학과 서양의학을 대표하는 두 분을 모시고 토론회를 하기로 한 것입니다. 그럼 어느 분부터 먼저 말씀해주시겠습니까?

|한의사| 제 생각에 이번 갈등은 기본적으로 한의학에 대해 무지한 어느 젊은 양의사의 경솔함에서부터 출발한 것으로 보입니다. 서양의학이 고칠 수 없다고 진단한 말기암에 대해 누구도 더는 함부로 고쳐서는 안 되고, 고치려고 시도해서도 안 된다는 논리가 도대체 어디에 있겠습니까? 이 경우 한의학이 아니라 무당이 나와서라도 그 말기암 환자를 치료해 완치시킬 수만 있다면, 그

무당은 중요한 일을 한 것입니다. 즉, 중요한 것은 환자의 병을 고칠 수 있느냐, 없느냐 하는 것이죠. 한의학이 서양의학에서 불치병으로 진단한 병을 전혀 고치지 못한다면, 저는 그 젊은 의사 양반의 비판이 옳다고 봅니다. 그러나 사실 한의학적 치료방법을 따른 말기암 환자 가운데 증세가 호전되거나 심지어는 완치되는 사례가 빈번히 관찰되는 실정입니다.

|사회자| 하긴 저도 한의학으로 불치병이 치료되었다는 이야기를 최근에도 들은 기억이 납니다. 그렇다면 방금 하신 말씀이 타당할 수도 있겠군요. 서양의학이든 한의학이든 의학이 있는 이유는 환자의 질병을 고치는 데 있다는 선생님의 말씀은 옳은 지적입니다. 이 점에서 보면 이전의 그 젊은 양의사분이 너무 성급했다고 할 수 있습니다. 사실 자신이 고치지 못한 환자를 다른 사람이 고치려고 하니까, 그 사람을 무조건 비난하는 격이니까요.

|양의사| 잠시만요. 이게 그렇게 간단한 문제가 아닙니다. 저도 서양의학에서 치료하지 못하고 손을 뗀 질병을 한의학계에서 고쳤다는 소리를 가끔 듣습니다. 그러나 도대체 어떤 방식으로 치료했으며, 어떤 메커니즘으로 완치되었는지, 또 완치율이 몇 퍼센트나 되는지에 대한 과학적 보고서를 저는 지금까지 단 한 번도 접해 본 적이 없습니다. 예를 들어 우리나라 성인 남자들을 죽음으로 몰고 가는 말기 대장암의 경우를 생각해봅시다. 한의학에서는 이 가운데 몇 퍼센트나 치료할 수 있습니까? 말기 대장암 환자를 완치시킨 정확한 데이터를 국민에게 공개하실 수 있습니까?

|한의사| 역시 서양의학을 공부하신 분답게 완치율을 강조하시는 군요. 그러나 사실 말기 대장암이라고 해도 환자마다 상태가 모두 다릅니다. 그렇다면 여기서 몇 퍼센트의 완치율이라는 것이 무슨 의미가 있겠습니까? 오히려 환자마다 질적으로 다르게 나타나는 대장암을 같은 질병인 것처럼 만들고 나서야, 몇 퍼센트의 완치율인가라는 말을 할 수 있는 것이 아닙니까? 인간은 자동차처럼 대량 복제되어 만들어지는 기계 같은 것이 아닙니다. 살아 있는 생명체라는 것이죠. 살아온 환경, 정신적 역사 등 복잡한 요인 때문에 인간은 모두 질적으로 차이나게 마련입니다. 한의학의 힘은 바로 완치율에 신경 쓰기보다는 내 앞에 있는 환자를 다른 환자와 비교할 수 없는 고유한 존재로 보고, 그에 알맞은 맞춤형 치료를 할 수 있다는 데 있습니다. 만약 내 앞의 대장암 환자들이 모두 기계와 같다면, 그때 가서야 완치율이 몇 퍼센트인가라는 말을 할 수 있겠죠. 그러나 우리로서는 그렇게 할 수 없습니다. 어떤 점에서는 서양의학처럼 완치율을 내세우지 않는 것이야말로 우리 한의학의 자랑이라고 저는 생각하고 있습니다.

|사회자| 사실 그렇게 볼 수 있는 측면이 있겠군요. 똑같은 감기라도 환자마다 그 증세가 조금씩 다른 것을 보면 말입니다. 더구나 제 경험으로도 제가 앓았던 감기는 모두 조금씩 증상이 달랐던 것 같습니다.

|양의사| 바로 이런 생각, 즉 모든 환자의 질병 상태는 차이를 보인다는 주장이 한의학의 속임수 또는 마법이 힘을 부리는 지점입

니다. 일반 사람들에게는 설득력이 있을 수도 있지만, 저는 바로 이런 생각이 한의학 스스로 과학임을 포기하는 증거라고 생각합니다. 유행하는 말대로 '그때그때 다르다'는 주장은 대부분 사이비 과학이 자신을 정당화할 때 하는 말이기 때문입니다. 환자의 질병이 그때그때 다르다는 것은 한의학이 검증 가능한 일반적 의학이론을 갖추고 있지 않다는 것을 말해줍니다. 이처럼 한의사들은 모호한 신념체계를 가지고 환자의 상태를 매순간 자기 직관에 의존해서 파악하는 사람들입니다.

예를 하나 들어볼까요. 얼마 전 제가 진료한 젊은 여성 환자 분이 한 명 있었습니다. 저는 엑스레이 검사와 위내시경 검사를 통해 '소화성 위궤양'이라는 진단을 내렸습니다. 그런데 나중에 살펴보았더니 이 환자는 어렸을 때부터 주로 한의원에 다녔던 분이더군요. 아마 어머니 탓이었던 것 같습니다. 이 환자는 제게 오기 전에 이미 한의원을 두 곳이나 다녀왔습니다. 그런데 문제는 첫째 한의원과 둘째 한의원에서 병에 대한 진단이 달랐다는 것입니다. 첫째 한의원에서는 '위열증'이라는 진단을 내렸다고 합니다. 한마디로 위에 열이 나는 증상이라는 거죠. 이렇게 진단을 한 뒤 그 한의사는 이에 맞는 한약을 처방해주었습니다. 그런데 불행히도 증상은 호전될 기미를 보이지 않았다고 합니다. 그래서 그녀는 다른 한의원에 갔는데, 이곳의 한의사는 '비한증'이라는 진단을 내렸다고 합니다. 다시 말해 지라(脾)가 차가워지는 증상이라는 것이죠. 이 말을 듣고 그녀는 어떻게 판단해야 좋을지 몰라 저에게 찾아온 것입니다. 도대체 한의사마다 진단이 다르니 어떻게 해야 좋으냐고 하면서, 그녀는 한의학 자체를 불신하는 듯한 인상을 주었습니다. 어떻게 한 환자, 한 질병에 대해 한의사 두 분이 서로 다른 진단을 내릴 수 있는지 저로서도 무척 궁금합니다. 그리고 이렇게 의사에 따라 다르게 진단이 나온다면, 한의학이 진정으로 과학체계라고 할 수 있을지 의심스럽기만 합니다.

|사회자| 잠시만요. 말씀하신 것 가운데 궁금한 것이 하나 있는데요, 한의학에서 '비한증'이니 '위열증'니 하는 것은 어떻게 진단되는 것입니까?

|한의사| 예. 제가 간단히 말씀드리죠. 두 증세는 모두 환자의 상태를 종합적으로 진단해서 내려집니다. 환자의 명치 부분에 손을 대보았을 때 통증을 느끼는 경우, 환자의 몸이 마른 체형인 경우, 뱃속이 불편하면서도 자꾸 무엇인지 먹고 싶은 욕구를 느끼는 경우, 변비와 불면증을 동반하는 경우, 혀가 마르고 맥박이 빠른 경우라면, 한의사는 그 누구나 '위열증'이라고 진단내릴 것입니다. 반면 명치 부위를 누를 때 환자가 시원한 느낌을 느끼는 경우, 몸이 차고 창백하며 추위를 잘 느끼는 경우, 맥박이 약하고 느리게 뛰는 경우라면, 한의사들은 '비한증'이라고 진단할 것입니다.

|사회자| 그렇다면 한의학은 직관적이거나 신비한 비법이라는 오해는 잘못된 것이라는 말씀이군요. 그런데 이 부분을 좀 더 자세히 설명해주실 수 있겠습니까? 보통 한의사들은 진맥만 하고서

병명을 진단하는 것이 아닙니까?

|한의사| 맥을 짚어서 병증을 진단하는 것을 흔히 진맥이라고 하지만, 한의학에서는 '절진(切診)'이라고도 말합니다. 그리고 이 진단법은 한의학의 네 가지 진단법 가운데 가장 중요한 방법입니다. 이것은 신체 내부에 기가 원활히 흐르는지를 진단하는 방법이기 때문입니다. 환자의 맥을 재봄으로써 한의사들은 신체 내부 어디에 문제가 발생했는지를 확인할 수 있습니다. 한의학은 절진을 포함한 이런 네 가지 진단법을 통해서 병증을 진단합니다. 따라서 어떤 면에서 보면 단순히 엑스레이 검사나 내시경 검사 등으로 병증을 진단하는 서양의학보다 더 포괄적이고 정밀하다고도 말할 수 있습니다.

|사회자| 그렇다면 좀 전에 양의사 선생님께서 말씀하신 그 여자 환자의 경우는 왜 그렇게 다른 병명으로 진단을 내렸는지 설명하실 수 있겠습니까?

|한의사| 예. 그럼요, 당연하죠. 앞의 예에 등장하는 한의사 두 분은 아무런 근거도 없이 그런 진단을 내리신 것이 아닐 것입니다. 한의학도 엄밀한 의미에서 과학입니다. 수천 년 동안 치료와 임상을 통해 축적된 의료 경험의 결과로 출현했기 때문입니다. 양의사 선생님이 말씀하신 그 환자분의 경우 처음에는 '위열증'이라는 진단을 받아서 한약을 복용했습니다. 그런데 이 환자의 '위열증'이란 질병이 그 사이에 '비한증'으로 전환되었던 것뿐입니

다. 한의학에서는 신체를 유기적으로 서로 연결되어 있는 유기체로 봅니다. 이것은 신체를 기계처럼 다루는 서양의학과는 매우 다른 부분이죠. 그런데 모든 질병은 신체 내부의 기가 원활히 순환되지 않아서 생기는 것입니다. 이 환자는 처음에 '위'에 그 징후가 와서 '위열증'을 보인 것입니다. 그리고 이것을 진단한 한의사는 그에 맞는 한약을 처방했을 것입니다. 그러나 신체 내부의 기가 원활히 수행되지 않는 이 환자는 마치 어느 부분의 구멍을 막으면 다른 부분이 터지는 제방과 같은 상태입니다. 그래서 '위'의 병을 막자, 바로 '지라가 차가워지는 비한증'이라는 증세를 보였던 것입니다.

|**사회자**| 아, 그렇군요. 그렇게 해석될 수도 있겠군요. 양의사 선생님께서는 이 말씀을 어떻게 들으셨는지 궁금합니다. 저는 한의학이 나름대로 정합적인 진단법이 있는 의학체계로 보이는데요.

|**양의사**| 우려대로 사회자님도 곧바로 속으시는군요. 무엇이 정합적인 진단법이라는 것입니까? 제가 듣기로는 한의사 선생님께서 방금 그럴 듯하게 말씀하신 네 가지 진단법은 전혀 객관적으로 검증될 수 없는 것에 지나지 않습니다. 모두 의사의 직관과 감각에만 호소하는 것이기 때문입니다. 따라서 그런 진료 방법은 전혀 과학적이지도 객관적이지도 않습니다. 한의사들이 '비한증'이라고 진단하게 만드는 환자의 증후를 한 번 살펴보십시오. 명치 부위를 누를 때 환자가 시원한 느낌을 느끼고, 몸이 차고 창백하며 추위를 잘 느낀다면, 한의사 선생님들은 '비한증'이

라고 진단 내린다고 말씀하셨습니다. 그러나 이것이 얼마나 주관적이고 감각적인 진단이란 말입니까? 더구나 환자가 시원하다는 느낌을 갖는다는 것이 어떻게 진단의 기준이 될 수 있단 말입니까? '시원함'이라뇨? 이것은 환자의 단순한 자기착각일 수도 있는 느낌일 뿐입니다. 또한 환자가 추위를 잘 느끼는 것이 어떻게 '지라' 같은 내장의 질병을 진단하는 기준이 될 수 있겠습니까? 그 환자는 지금 단순한 감기에 걸렸을 수도 있는 것입니다.

|사회자| 양의사 선생님의 말씀을 들으니 저로서는 또 그렇게 이해할 수도 있겠다는 생각이 듭니다. 이렇게 제가 토론을 진행하다 보니 계속 답답함이 느껴집니다. 두 분 선생님의 말씀을 듣다 보면, 서양의학과 동양의학은 결코 만날 수 없는 평행선 같다는 생각마저 드니까요. 이것이 아마 저만의 느낌은 아닐 것 같은데요?

|한의사| 저도 마찬가지로 답답한 느낌이 듭니다. 잠시 양의사 선생님께 여쭈어 보겠습니다. 분명 선생님께서도 어렸을 때 음식을 먹고 체했을 때가 있었을 것입니다. 그 경우 아마 선생님의 어머님은 선생님의 손을 바늘로 따주었을 것입니다. 그러면 신기하게도 체했던 것이 풀리고, 뱃속이 편안해지는 느낌을 받았을 것입니다. 이런 경험이 분명 있으시죠. 이것이 바로 한의학의 이론체계가 유효하다는 것을 보여주는 것입니다. 우리 몸은 기계가 아니라 살아 있는 유기체입니다. 그리고 우리의 신체 내부에는 경락이라는 맥을 통해서 기(氣)가 부단히 흐릅니다. 바로 그렇기 때문에 손가락을 딸 때 막혔던 기가 다시 흐르면서 뱃속

이 동시에 편안해지는 것입니다.

|**양의사**| 물론 어렸을 때 그런 경험이 있었지요. 그러나 체했을 때 손을 따는 것은 일종의 신경 분산 방법이라고 할 수 있습니다. 왜 발이 저릴 때 우리가 코에다 침을 바르는 경우가 있지요? 이렇게 하면 신기하게도 발의 저림이 가라앉게 됩니다. 그러나 이것은 침을 발라서 발의 저림이 가라앉은 것이 아니라 신경을 코로 유도해서 저절로 저림이 나아지도록 기다리는 것에 지나지 않습니다. 한의사 선생님께서는 계속 한의학의 효과를 주장하십니다. 그런데 저 역시 이 점이 매우 갑갑하기만 합니다. 한의사 선생님, 그러면 역사를 한 번 살펴보십시오. 예를 들어 서양의학이 들어오기 전, 한의학이 유일한 진료체계였을 때 우리나라 사람들의 평균 수명과 영아 사망률을 생각해보십시오. 우리나라에 서양의학이 도입된 이후 평균 수명과 영아 사망률은 거의 4배에 가깝게 좋아졌습니다. 이것은 역설적으로 한의학이 얼마나 과학적인 효과가 없었는지를 극적으로 말해주는 사례라고 할 수 있습니다. 이 점에 대해서는 어떻게 생각하십니까?

|**한의사**| 지금 양의사 선생님께서는 마치 서양의학이 들어와서 우리나라 사람들의 평균 수명과 영아 사망률이 현격하게 좋아진 것처럼 이야기하고 있습니다. 그러나 이것은 잘못된 논의입니다. 평균 수명과 영아 사망률이 좋아진 것은 경제 발전을 통해서 우리나라 사람들의 영양상태가 좋아서 생긴 것입니다. 저는 이점에서 서양의 자본주의 문명이 우리나라 사람들에게 커다란 혜

택을 주었다는 것은 인정합니다. 그러나 평균 수명과 영아 사망률이 서양의학 때문에 좋아진 것은 아니라고 봅니다. 평균 수명과 영아 사망률을 좋게 만들기 위해서 의학은 입체적이고 종합적으로 인간의 건강과 질병에 대해 숙고해야만 합니다. 이 점에서 서양의학은 한계가 있다고 할 수 있습니다. 어차피 서양의학은 병이 걸린 다음에 아픈 곳을 제거하겠다는 것이니까요. 반면 한의학은 이런 문제점이 상대적으로 적다고 봅니다. 아시다시피 한의학의 모토는 '병이 아직 걸리지 않았을 때, 병을 치료하는 것'입니다. 이 점에서 저는 서양의학이 동양의학의 지도를 받아야만 한다고 생각합니다.

|사회자| 이제 저희에게 주어진 논의 시간이 다 된 것 같습니다. 아쉽기는 하지만 지금까지의 논의로도 많은 사람이 동양의학과 서양의학의 차이점을 어느 정도 파악할 수 있었으리라 생각합니다. 그러나 논의가 계속될수록 그 차이점이 좁혀지지 않고 더욱 벌어지는 것 같아 아쉬움이 큽니다. 이런 문제가 근본적으로 해결되기에는 오늘 저희에게 주어진 시간이 너무나 짧은 것이 안타깝기만 합니다. 그러나 다음에 반드시 더 진지하고 깊이 있는 대화를 나눌 수 있는 시간이 오리라고 생각합니다. 그래서 저는 오늘의 논의가 앞으로의 서양의학과 동양의학 사이의 대화를 위한 예비회담 정도의 성격을 가지고 있다고 말씀드리고 싶습니다. 한의사 선생님, 그리고 양의사 선생님 토론에 참여해주셔서 감사합니다. 이제 더욱 자주 만나서 이야기를 나누도록 하지요. 그럼, 이만 토론회를 마치겠습니다.

4th. Street

이 슈 @
지 식

핵무기 발명과 환경 파괴 등 서양의 과학문명에 의한 폐단이 나타나면서
기계론적 자연관을 대체할 수 있는 대안 모색이 활발해지고 있다.
이에 주목받기 시작한 것이 동양의 유기체적 자연관이다.
하지만 동양의 과학사상은 지금까지 서양 과학에 정상의 자리를 내주고 있었다.
그 이유는 무엇일까?
과연 유기체적 자연관이 적절한 대안이기는 하는 것일까?

동양사상에 눈을 돌린 서양과학, 대체물을 찾았는가?

과학혁명의 핵심, 기계론적 자연관

적어도 17세기까지는 중국의 과학기술이 세계 최고 수준을 유지했다. 그러나 중국은 이런 우월한 자리를 곧 서양에 빼앗기고 만다. 이것이 바로 갈릴레이와 뉴턴(Isaac Newton, 1642~1727)으로 상징되는 고전역학의 대두, 즉 서양의 과학혁명이 지닌 의의였다고도 할 수 있다. 과학혁명은 서양이 아리스토텔레스로 대표되는 중세적 자연관, 즉 '질적인 자연관'에서부터 '양적인 자연관'으로 변화되었다는 것을 의미한다. 그 뒤 서양문명은 과학혁명을 토대로 중국을 과학적으로나 기술적인 모든 측면에서 압도하게 되었다.

구체적으로 갈릴레이의 자연관을 통해서 과학혁명의 의의를 살펴보자. 아리스토텔레스에게 천상의 질서와 지상의 질서는 질적으로 다른 것이었다. 따라서 그는 천상의 질서에서만 수학 언어가 통용될 수 있으며, 지상의 질서에서는 일상 언어만이 적절하다고 판단했다. 그래서 중세에 이르기까지 천문학과 물리학은 별개의 학문이었다. 천문학이 수학을 가지고 천상의 질서를 논하는 것이었다면, 물리학은 일상 언어로 지상의 운동을 논한 것이기 때문이었다.

그러나 이제 갈릴레이에 이르면 천문학과 물리학은 통일된다. 이것은 그가 아리스토텔레스처럼 우주를 질적으로 다른 여러 공간의 집합으로 보지 않았다는 점을 분명하게 말해준다. 결국 갈릴레이는 우주를 하나의 동질적인 공간으로 이해했다. 나아가 그는 이 동질적인 공간에서 운동법칙은, 일상 언어가 아닌 수학 언어로만 적절히 다룰 수 있다고 주장했다. 그런데 여기서 흥미로운 점은, 수학에 대한 갈릴레이의 확신에는 일종의 정당화되지 않는 믿음이 여전히 깔려 있었다는 점이다. 다시 말해 그는 신이 이 세계를 수학이란 언어로 만드셨다는 어떤 믿음을 가지고 있었다. 사실 갈릴레이뿐만 아니라 과학혁명을 주도한 서양의 모든 근대과학자들 역시 자연에 대한 수학적 탐구를 신의 진리를 탐구하는 길이라고 강하게 믿고 있었던 것이다.

수학은 기본적으로 질(quality)이 아니라 양(quantity)을 다루는 학문이다. 따라서 갈릴레이는 수학이란 방법을 관철시키기 위해서 아리스토텔레스의 중요한 유산 가운데 하나인 '목적론적 세계관'을 해체할 필요가 있었다. 아리스토텔레스의 세계관에 따르면 우주의 모든 것은 어떤 목적을 향해 움직인다. 이것은 기본적으로 만물이 제각기 자신들만의 고유한 목적을 가지고 있다는 말인데, 결국 이렇게 되면 만물을 질적으로 차이 나는 것들로 다룰 수밖에 없게 된다. 수학을 적용하기 위해서, 갈릴레이는 자연현상에 대한 바로 이와 같은 목적론적 설명을 대체할 수 있는 새로운 자연관을 피력할 수밖에 없었다. 그래서 출현한 것이 바로 그 유명한 '기계론적 자연관'이다.

'기계론적 자연관'에서는 자연현상이 어떤 목적에 봉사하기 위해서 발생했는지를 묻지 않는다. 이 자연관은 자연현상을 기계론적인 필연성에 따라서 움직이는 것으로 설명해준다. '목적론적 자연관'과 '기계론적 자연관'의 특징을 쉽게 이해하기 위해 시계를 예로 들어 설명해보자. 아리스토텔레스는 이 시계는 인간에게 시간을 알려주려는 목적을 가지고 있다고 말할 것이다. 그러나 갈릴레이는 이런 목적에 전혀 관심을 두지 않는다. 오히려 그는 이 시계가 어떤 부품으로 이루어져 있으며, 그것들이 어떻게 연결되어 있기에 시침과 분침이 작동하게 되는지, 즉 시계의 기계론적 필연성만을 설명하려고 할 것이다.

기계론적 자연관의 반성으로 태어난 신과학 운동

모든 사물과 자연현상은 마치 하나의 기계인 것처럼 분석되고 수학적으로 설명될 수 있다는 신념 체계가 바로 '기계론적 자연관'이다. 바로 이런 자연관이 서양에 과학혁명을 가능하게 만들었고, 나아가 1,500여 년 동안 지속적으로 유지되었던 과학기술에 대한 중국의 헤게모니를 억지로 빼앗을 수 있었던 것이다. '기계론적 자연관'으로 무장한 서양의 과학과 기술은 지금까지

승승장구하고 있다. 이제 오늘날에 이르러 서양 과학이 세계 모든 곳에서 교육된다는 점만 보아도 이것을 어렵지 않게 이해할 수 있다. 그러나 결국 서양의 과학문명은 스스로 위기를 불러오고 말았다. 현대에 들어와 지구를 완전히 파괴할 수도 있을 정도의 위력을 지닌 핵무기를 만들었고, 나아가 자연환경을 다시 돌릴 수 없을 만큼 훼손하기도 했다. 이제 서양의 지성인 가운데는 일부는 서양의 과학문명 자체를 근본적으로 반성하기 시작했다. 이것은 결국 서양의 과학문명을 가능하게 해주었던 세계관, 즉 '기계론적 자연관'에 대한 회의를 낳게 만들었다.

흥미로운 것은 '기계론적 자연관'에 대한 회의가 고전역학의 적자인 현대 물리학의 연구결과에서 생겨났다는 점이다. 특히 상대성이론, 양자이론 등의 연구 성과는 '기계론적 자연관' 자체로는 설명할 수 없는 여러 현상을 발견함으로써 이런 회의를 가속화시켰다. 상대성이론은 관찰대상의 물리적 속성이 관찰자에 의존한다는 것을 밝힘으로써 '기계론적 자연관'이 주장하던, '주관성'을 배제한 '객관성'이라는 이념을 동요하게 만들었다. 나아가 양자이론마저도 '관측하는 행위를 떠난 객관적인 성질이라는 것이 존재하지 않으며, 따라서 관찰대상과 관찰자 사이의 관계가 매우 중요한 의미를 지닌다'고 주장함으로써, '기계론적 자연관'을 근본적으로 동요시키는 역할을 하게 된다. 이로부터 20세기 후반부터 미국을 중심으로 '기계론적 자연관'을 대체할 수 있는 새로운 세계관을 모색하려는 움직임이 이는데, 그것이 바로 유명한 '신과학운동(New Age Science Movement)'이다.

『새로운 과학과 문명의 전환 The Turning Point』(범양사, 1998)

이라는 책에서 프리초프 카프라(Fritjof Capra)는 신과학운동이 제안하는 새로운 자연관을 '유기체적 자연관', '시스템적 자연관', '전일적 자연관'이라고 규정한다. 카프라의 말처럼 신과학운동은 우주 안의 모든 것들을 기계가 아닌 일종의 유기체로 이해하자는 세계관의 변화를 도모하고 있다. 예를 들어 시계와 같은 기계는 달에 있을 때도 혹은 지구에 있을 때도 적당한 동력만 있다면 그대로 시계로서 기능한다. 반면 인간과 같은 유기체는 지구에서는 살 수 있지만 달에 가서는 삶을 유지할 수 없다. 그렇다면 이것은 무엇을 말해주는가? 결국 인간이라는 유기체는 지구라는 환경과 상호작용하는 '열린 체계(open system)'라는 것을 의미한다. 구체적으로 신과학운동이 제안했던 자연관, 즉 '유기체적 자연관'은 다음과 같은 세 가지 테제로 요약할 수 있겠다. 첫째, 영원불변하는 실체와 같은 것은 존재하지 않고, 모든 것들은 과정과 변화 가운데에 있다. 둘째, 관찰자와 관찰 대상은 하나의 유기적 관계나 시스템에 들어가기 때문에 결코 분리될 수 없다. 셋째, 모든 것들은 관계성 속에서 나타나며, 따라서 통합된 전체 속에서 발생하는 것이다.

중국에서 유기체적 자연관을 발견

신과학운동의 이론가이자 전도사를 자처하는 카프라는 오래 전부터 동양의 과학사상이나 철학이 신과학운동의 '유기체적 자연관'과 비슷한 세계관을 내세운다고 제안한 적이 있다. 사실 카프라를 전 세계적으로 유명하게 만든 책은 방금 살펴본 1982년 미국에서 출간된『새로운 과학과 문명의 전환』이 아니었다. 그를 자칭 타칭 신과학 운동의 최고 이론가로 만든 책은 바로 1975년 출간되어 8개 국어 이상으로 번역된『현대 물리학과 동양사상 The Tao of Physics』(범양사, 1990)

라는 책이었다. 이 책에서 그는 현대 물리학과 동양사상을 직접 비교하면서 새로운 세계관의 전망을 제안한다. 그가 소개하는 현대 물리학의 대학자 닐스 보어(Niels Bohr, 1885~1962)의 흥미진진한 일화는 아마 그가 꿈꾸던 신과학운동의 가장 훌륭한 사례라고 할 수 있을 것이다.

상보성의 개념을 창안했던 보어는 중국 현자들의 지혜에 탄복했다. 그들은 음(陰)과 양(陽)이란 원형적인 양극으로써 이 대립자의 상보성을 표상했으며, 또 모든 자연현상과 인간생활의 본질이란 그것들의 역동적인 상호작용에 지나지 않는다고 보았기 때문이다. 그는 자신의 상보성의 개념과 중국사상 사이의 유사성에 관하여 너무 잘 알고 있었다. 양자이론에 대한 자신의 해석이 완전히 정리되었던 1937년에 중국을 방문했을 때, 보어는 고대 중국의 '양극적인 대립자(陰陽)'라는 개념이 있었다는 것에 크게 감명을 받았다고 한다. 10년 후, 그는 과학 분야에서의 뛰어난 업적과 덴마크 문화생활에 미친 중요한 공로에 대한 감사의 표시로 귀족의 작위를 수여받게 되는데, 이때 자신의 귀족 예복에 의장(意匠)으로 음양(陰陽)이라는 원형적인 대립자의 상보 관계를 표상해 주는 중국의 기호인 태극(太極)을 선택했다고 한다. 이런 일화들을 통해서 카프라는 가장 탁월한 현대 물리학자 보어도 고대 동양의 지혜와 현대 서양의 과학이 서로 공명하고 있다는 것을 이미 알고 있었다고 주장한다.

닐스 보어의 상보성은 빛의 이중적 성격으로 인해 고안된 이론이다. 즉 빛은 입자 모델로도 설명할 수 있고, 파동 모델로도 설명할 수 있다. 그는 이 두 모델 가운데 어느 것이 우위에 있다고 할 수 없으며, 따라서 상황에 따라 우리는 두 모델 가운데 하나를 선택해서 사용하면 된다고 주장한다. 이것은 사실 '기계론적 자연관'에서는 있을 수 없는 발상이다. 어떻게 빛이라는 동일한 실재가 상황에 따라 파동으로도 설명될 수 있고 입자로도 설명될 수 있단 말인가? 기계론적 자연관에서 볼 때 이것은 시계가 관찰자의 상황에 따라 시침이 빨리 갈 수도 있고, 아니면 분침이 빨리 갈 수 있다는 생각과 같다.

이렇게 해서 갑자기 동양의 과학사상과 철학은 기계론적 자연관을 대신할 수 있는 '유기체적 자연관'의 원형으로 서양 지성인 사회에 혜성처럼 등장하게 되었다. 그렇다면 이런 발상은 과연 신과학운동에만 국한된 것이었을까? 놀랍게도 우리는 더 중요한 인물은 빼놓고 있었던 것이다. 그 사람은 바로 조지프 니덤(Joseph Needham, 1900~1995)이다. 그는 아직도 완간되지 않은 『중국의 과학과 문명 Science and Civilisation in China』이란 총서의 저자로 유명하다. 이 총서는 전체 일곱 권, 책 수로는 현재까지 17권이 출간된 대저이다. 그는 1956년에 출간된 이 총서 가운데 두 번째 책의 제2권에서 중국 과학사상의 정수는 '유기체적 자연관'에 있으며, 언젠가 이 자연관은 서양의 '기계론적 자연관'의 대안이 될 수 있다고 이미 주장했다.

니덤은 기본적으로 화이트헤드(Alfred Whitehead, 1861~1947)의 철학을 믿고 따르던 과학사가였다. 화이트헤드의 철학은 '과정철학(the Process philosophy)', 또는 '유기체 철학(the Philosophy of Organism)'이라고 규정된다. 그는 세계와 그 속의 모든 것을 부단히 생성하고 변하는 과정에 있는 일종의 유기체로 보았기 때문이다. 그래서 신과학운동의 지지자들마저도 그의 철학을 자신들의 세계관의 이론적 기초로 떠받들었다. 그러면 여기서 우리는 다음과 같은 의문에 답할 수 있는 실마리를 얻게 된다. 즉 니덤은 왜 평생 동안 중국의 과학·기술과 그것을 지탱하던 중국사상에 그토록 많은 관심을 보였던 것일까? "물리학을 작은 유기체의 연구로 보며, 생물학을 큰 유기체의 연구로 보아야 한다고 요청하는 시대가 올 것이다. 이 시대가 올 때, 유럽(또는 당시까지의 세계)은 지극히 오래되었으며 매우 현명하고 조금도 유럽적이지 않은 사고양식에 의지하게 될 것이다." 이 짧은 말은 그가 어떤 동기로 중국에 관심을 갖게 되었는지를 웅변적으로 보여주었다. 결국 20세기 말 '기계론적 자연관'을 대신해서 '유기체적 자연관'을 도입하려고 했던 신과학운동이 발생하기 이전에, 이미 니덤이란 과학사가는 '기계론적 자연관'의 대안을 찾기 위해 직접 중국의 과학사를 뒤진 것이다. 그것은 바로 '지극히 오래되고, 매우 현명하며, 전혀 유럽적이지 않은' 중국의 사고양식에 의지하게 될 것이라는 말로 분명히 표현되었다.

유기체적 자연관이 기계론적 자연관의 대안이 될까?

그렇다면 과연 니덤이나 카프라의 견해처럼 중국의 '유기체적 자연관'은 서양의 '기계론적 자연관'의 대안이 될 수 있을까? 이런 질문에 대답하기에 앞서 카프라를 포함한 신과학운동의 지지자들이 신뢰하는 물리학자 아인슈타인(Albert Einstein, 1879~1955)이 슈바이처(J. E. Switzer)라는 사람에게 보낸 편지 한 구절을 살펴보도록 하자. 1953년 쓰인 이 편지에서 아인슈타인은 "서양 근대 자연과학의 발전은 두 가지의 위대한 업적, 즉 (유클리드 기하학에서 볼 수 있는 것처럼) 그리스 철학자들에 의한 형식적인 논리체계의 발견과 (르네상스의) 체계적 실험에 의하여 인과관계를 찾아낼 수 있다는 발견에 근거하고 있다"고 지적한다.

아인슈타인은 갈릴레이로 대표되는 근대 자연과학의 핵심을 정확히 파악하고 있었다. 그것은 그의 말대로 '형식적인 논리체계'와 '체계적인 실험'의 결합이었기 때문이다. 다시 말해 갈릴레이가 새로웠던 이유는, 그가 경험적인 관찰과 수학적 연역, 즉 '경험'과 '이성'을 결합할 수 있었기 때문이다. 한 가지 여기서 오해의 여지가 있는 개념은 바로 '경험'이라는 말이다. 이것은 단순히 아리스토텔레스에서처럼 질적으로 다양한 감각 경험을 가리키는 것이 아니기 때문이다. '이성'과 결합된 '경험'이란 것은 수학적 이성이나 체계적 실험으로 분석되고, 통제되고, 질서 잡힌 과학적 자료를 가리킨다. 따라서 갈릴레이의 경험은 이미 이성에 따라 통제된, 다시 말해 이미 이성에 따라 가공된 경험이었던 셈이다. 이렇게 재처리된 경험에 수학적 이론을 적용하면서 근대과학은 자연현상을 기술하고 설명하는 데 엄청난 효과를 낳게 되었다. 이 점에서 근대 자연과학의 실험 정신은 결국 '이성화된 경험'에 대한 것이었다고 말할 수 있다.

현대 물리학도 이 점에서 예외가 아니다. 닐스 보어가 빛의 입자성과 파동성을 상보성이라는 개념으로 명명했다고 할지라도, 그 또한 빛을 '수학'과 '경험'이라는 과학 정신을 통해서 다루고 있다. 빛의 상보성이란 문제에서 우리가 놓쳐서는 안 되는 것이 있는데, 그것은 우리가 두 가지 모델 중 어느 경우를 선택한다고 할지라도 빛을 수학적으로 표기하고 나아가 실험을 통해서 검증할 수 있다는 점이다. 이것은 단순히 '음과 양이라는 질적으로 차이 나는 부분이 태극 같은 일종의 '유기체적 통일성에 따라 묶인다'고 보는 세계관, 즉 '유기체적 자연관'과는 분명히 구별된다.

중국의 전통 과학사상이 '유기체적 자연관'을 2천여 년 동안 가지고 있었는데도 현대 물리학이 발생하지 않았던 이유는 바로 수학적 이성과 체계적 실험의 결합이 부재했기 때문이었다. 아니, 더 엄밀하게 표현하면, 철두철미하게 관철된 '유기체적 자연관'이 곧 수학과 실험의 결합에 따른 검증 자체를 불가능하게 만들었다. 신과학운동이 '유기체적 자연관'의 중요한 특징 가운데 하나로 지목하는 '관찰자와 관찰대상 사이의 관계성'이란 입장도, 사실 현대 물리학이 다루는 미시세계에서만 확인되는 사실이다. 그래서 '유기체적 자연관'이 거시세계에도 그대로 적용되어야만 한다는 생각은 사려 깊지 않은 성급한 주장일 수 있다. 아직도 우리가 살고 있는 거시세계에서는 '기계론적 자연관'에 입각한 갈릴레이-뉴턴적 물리학이 충분히 통용될 수 있기 때문이다.

　사실 "'유기체적 자연관'이 '기계론적 자연관'의 대안이 될 수 있는가?"라고 물을 때, 우리는 이런 질문을 양자택일적으로 생각해서는 안 된다. 이런 물음이 진정한 의미를 가지려면, 다음과 같은 질문을 먼저 던질 수 있어야만 하기 때문이다. 즉 과연 '유기체적 자연관'이 '수학적 이성' 또는 '체계적 실험'과 정합적일 수 있을까? 이성과 경험이라는 과학정신과 부합할 수만 있다면, '유기체적 자연관'은 '기계론적 자연관'을 대치할 수 있다. 근대 자연과학에서 '기계론적 자연관'을 선택한 이유도 사실 그것이 '수학적 이성' 그리고 '체계적 실험'과 가장 잘 어울리는 세계관이었기 때문이다. 그러나 '유기체적 자연관'이 '이성과 실험'이라는 과학정신의 양대 축과 정합되지 않는다면 그 경우 우리는 어떻게 해야 할까? 이 경우 '기계론적 자연관'을 대체했다고 할지라도, '유기체적 자연관'은 우리의 과학 발전과 진보에는 어떠한 도움도 줄 수 없을 것이다. 오히려 중세교회가 갈릴레이의 정신을 죽이려 한 것과 마찬가지로, 십중팔구 과학정신 자체를 억압하는 인식론적 장애물로 기능하게 될 것이다. 그것은 중국에서 수천 년 동안 유기체적 자연관이 과학의 발전에서 어떤 장애물로 작동해왔는지를 비판해보는 것으로 충분히 해명될 수 있다.

유기체적 자연관에서
자연과학적 진리 탐구가 가능할까?

인간이 지향하는 가치, 진·선·미

인간이 지향하는 가치는 진(眞)·선(善)·미(美) 세 가지로 요약할 수 있다. 먼저 진, 즉 진리(truth)가 무엇인지에 대해 알아보자. 사전적인 정의에 따르면 진리란 '사유와 존재의 일치'라고 이야기할 수 있다. 다시 말해 내가 생각하는 내용이 현실에서 존재하는 실제 내용과 부합되었을 경우, 진리를 알고 있다고 말할 수 있다. 우리 생각이 실제 존재와 일치한다는 사실, 즉 진리를 확보한다는 것은 무척 어려운 일이다. 예를 들어 소주와 콜라를 먹었을 경우와 막걸리와 콜라를 먹었을 경우 그리고 맥주와 콜라를 먹었을 경우, 우리가 취했다고 가정해보자. 과학적으로 세 가지에 공통된 음료는 콜라다. 그러므로 우리는 콜라를 먹으면 취한다고 생각할 수 있다. 그러나 과연 이런 나의 판단은 진리라고 할 수 있을까? 이런 생각이 진리라고 한다면, 우리는 이 생각을 검증해야만 한다. 다시 말해 콜라만 직접 따로 먹어보아야 한다. 그러나 콜라를 먹었을 때 취하지 않았다면, 우리의 이전 생각은 진리가 아닌 것으로 확인된다. 이처럼 진리를 얻는 작업은 우리가 생각하듯이 그렇게 간단한 작업이 아니다.

그렇다면 선(善)은 어떤가? 선은 기본적으로 우리가 타인과 관계를 맺어야 하기 때문에 의미를 지니는 개념이다. 바로 이 점이 윤리학을 관습이나 습관의 체계가 아니라, 자율적인 관계 맺음의 논리로 생각한 이마누엘 칸트(Immanuel Kant, 1724~1804)를 중요한 인물로 떠올리게 한다. 그의 지적처럼 선은 타인을 수단이 아닌 목적으로, 즉 나와 마찬가지로 자유로운 인격체로 다룰 때 의미 있게 사용될 수 있는 범주다. 다시 말해 선은, 자유라는 개념에 의해서만 의미가 있는 윤리학적 범주다. 예를 들어 어떤 남자가 어떤 여자의 가슴을 만졌다고 해보자. 그의 행위가 그녀의 자유로운 동의나 인정을 받아서 이루어졌다면, 이것은 윤리적으로 악한 행위가 결코 아니다. 반대로 그의 행위가 강제로, 즉 그녀의 자유를 억압하면서 이루어졌다면, 그의 행위는 윤리적으로 악한 행위라고 할 수 있다. 결국 자유라는 차원이 존재하지 않는다면, 인간에게는 선이나 악이라는 범주도 있을 수 없다는 말이 된다. 사과나무에서 떨어진 사과에 맞았다고 해서, 우리는 사과나무에게 나무가 악한 행위를 했다고 말할 수 없다. 사과나무에게는 자신의 열매로 인간을 맞출 수도 있고 맞추지 않을 수도 있는 자유가 없기 때문이다.

그렇다면 미(美), 즉 아름다움은 어떨까? 기본적으로 아름다움이란 대상에 대한 관조에서 온다. 대상에 대한 관조는 (진리처럼)

이론적 사유나 체계적 실험 또는 (선처럼) 타인과의 자유로운 관계맺음이라는 실천과는 성격이 다른 것이다. 진리가 이론적인 관심이 있을 때 얻어지는 것이고, 선이 실천적인 관심에서 얻어지는 것이라면, 아름다움은 이론적 관심이나 실천적 관심이 아니라 오히려 '무관심'으로 대상을 볼 때 얻어진다. 예를 들어 밤하늘에서 아름다운 달그림자를 보았다고 하자. 달그림자가 생기면, 경험적으로 다음날 비가 올 가능성이 많다고 한다. 그러나 이런 식의 특정한 관심을 가지고 달그림자를 보면 달밤의 아름다움을 느낄 수 없다. 다른 일체의 현실적인 관심 없이 달그림자를 보았을 때, 오직 달그림자의 아름다움을 느낄 수 있다. 따라서 이곳에서 '무관심하게 바라본다'는 것은 명청하게 아무런 생각도 없이 대상을 바라본다는 것으로 오해해서는 안 된다. 오히려 무관심하게 바라보는 것은 고도의 정신적 집중 상태로 어떤 대상을 응시하고, 그 대상에 빠져버린다는 것을 의미하기 때문이다. 예를 들어 눈부시게 아름다운 노을을 보았을 때 그 누구나 노을의 아름다움에 매혹되어 시간 가는 줄 모르고 빠져든 경험을 해본 적이 있을 것이다.

주희의 신유학에서 과학적 진리 탐구가 가능한가?

결국 진·선·미 각각의 세계는 이론적 관심을 두느냐, 실천적 관심을 두느냐 아니면 무관심하냐 여부에 달려 있다. 반대로 일상생활을 이 세 가지 관심이 뒤죽박죽 섞여 있는 '일상적 관심'

으로 영위하고 있다고도 볼 수 있다. 그러나 이런 일상적 관심 속에는 진리, 선함, 아름다움은 관습과 통념에 따라 지배될 수밖에 없을 것이다. 따라서 일상적 관심과 어느 정도 거리를 두었을 때에만, 우리는 진리, 선함, 아름다움의 세계로 들어갈 수 있다. 일상적 경험은 아침이 되면 태양이 동쪽에서 떠올라 저녁에 서쪽으로 사라진다고 가르치는데, 이런 경험은 과연 진리인가? 이성의 입에 함부로 키스해서는 안 된다는 일상적 통념에 따라, 물에 빠져 의식을 상실한 여성에게 인공호흡을 하지 않는 것은 선한 일인가? 들으면 졸리기만 한 고전음악이나 도대체 무엇을 나타내는지 의아스럽기만 한 현대 설치미술은 아름다움과는 아무런 상관이 없는 것인가? 우리의 일상적 관심 또는 경험이 과연 우리에게 진리를 말해주는가라는 문제는 곧 다음과 같은 문제와 동일한 맥락의 것이다. "유기체적 자연관이라는 세계관을 지닌 중국인들의 삶의 경험, 즉 그들만의 일상적 관심 또는 경험은 과연 그들에게 진리를 말해주었을까?" 우리가 '유기체적 자연관에서 과학적 진리 탐구가 가능한가?' 라고 물은 것은, 사실 '이 유기체적 세계관에서 진리, 선함, 아름다움이라는 것이 충분히 구별되어 다루어질 수 있는가?' 라고 질문한 것과 동일하다.

이런 질문에 적절히 답하기 위해서는 유기체적 자연관을 형이상학적으로 체계화한 주희라는 인물의 신유학(新儒學)을 살펴볼 필요가 있다. 그에 따르면 이 세계의 모든 것은 하나의 유기체적 원리, 즉 태극(太極)으로 만들어진 것이다. 그런데 흥미로운 점은 이렇게 만물이 생성되었을 때, 이들 속에는 태극이 항상 내재되어 있다는 점이다. 종종 그는 만물 차원에서의 태극을 이치[理]

라고 부르기도 한다. 그에게 부채의 이치는 여름에 인간이 손으로 사용하여 바람을 일으키는 기능을 가리킨다면, 의자의 이치는 인간이 앉을 수 있도록 하는 기능을 가리킨다. 주희는 사물마다 가지고 있는 이런 이치를 탐구하는 것을 궁리(窮理)라고 했다. 그러면 이것은 과연 이론적 관심에 따라 수행된 '진리 탐구'라고 말할 만한 것인가? 이것은 결국 의자나 부채에서 찾으려고 했던 주희의 이치가 '이론적 관심'에 따라 찾아진 것인가, 아니면 '일상적 관심'에 의해 찾아진 것인가를 묻는 질문이다. 이 상황에서 우리는 어렵지 않게 주희의 이치 탐구가 대상에 대한 자연과학적 탐구와는 상당히 거리가 있다는 점을 알아차릴 수 있다. 아무리 그의 이치가 태극이라는 거대한 유기체적 원리에 따라 정당화된다고 할지라도, 그가 탐구한 이치는 결국 '이론적 관심'이 아닌 '일상적 관심'으로 추동된 것이기 때문이다.

결국 태극이나 이치는 사물이 존재하는 목적을 가리키는 것에 지나지 않는다. 그것은 사물이 유기체의 작은 부분으로 전체 세계에 조화롭게 참여할 수 있는 일종의 목적을 모두 선천적으로 가지고 있다고 말하는 것이기 때문이다. 그러나 대상에 대한 자연과학적 탐구는 대상에 대한 이런 '일상적 관심' 또는 '일상적 경험'을 억누르고, 순수하게 '이론적 관심'에 따라서만 탐구되었을 때에 가능하다. 다시 말해 의자의 이치를 우리가 앉을 수 있게 하는 기능으로 설명하는 주희식의 목적론적 생각은, 아무리 거창한 형이상학으로 정당화된다고 할지라도, 반자연과학적인 태도라고 불러야 하는 것이다. 물론 주관과 객관 사이의 밀접한 상호관계를 선호하는 신과학운동(New Age Science Movement)의 지

지자들이나 중국의 과학사상에서부터 유기체적 자연관을 읽어
내려는 니덤에게는, 주희의 이런 유기체적 자연관이 매력적인
것으로 보였을 수도 있다. 그러나 미시세계가 아닌 거시세계에
서 주관과 객관 사이의 상호관계가 대상 관찰에 커다란 영향을
미치지 않는다는 점을 생각해볼 때, 의자와 인간 사이의 목적론
적 관계를 강조했던 주희의 생각은 자연과학적 태도와는 거리가
있는 것이라고 말하지 않을 수 없다.

기계론적 자연관과 유기체적 자연관의 근본적인 차이

　동양 전통 과학사상의 세계관이 작동하는 논리는 바로 음양오
행론이었다. 그런데 바로 이 음양오행론은 진리의 차원, 선의 차
원, 나아가 아름다움의 차원이 독자적인 인간의 관심, 즉 '이론
적 관심', '실천적 관심' 그리고 '무관심'에 따라 분리될 수 있다
는 사실을 전적으로 무시하는 논의였다고 할 수 있다. 왜냐하면
이 논리는 진리, 선, 아름다움이라는 세 차원의 관심을 오로지
'일상적 관심', 즉 인간 중심적인 차원으로 섞어버리고 이것을
유기체적 자연관을 통해 정당화시켜버렸기 때문이다.
　다음의 표 가운데 '계절, 방위, 내장, 동물' 등의 차원은 '이론
적 관심'의 대상으로 자연과학으로 발전할 수 있었던 것들이고,
'소리, 색깔' 등의 차원은 기본적으로 '무관심'의 대상으로서 미
학으로 발전할 수 있었을 것이다. 마지막으로 '윤리'의 차원은
'실천적 관심'의 대상으로서 윤리학으로 발전할 수도 있었을 것

오행	나무	불	흙	쇠	물
계절	봄[春]	여름[夏]	–	가을[秋]	겨울[冬]
방위	동(東)	남(南)	중앙(中)	서(西)	북(北)
윤리	인(仁)	의(義)	신(信)	예(禮)	지(智)
소리	각(角)	치(徵)	궁(宮)	상(商)	우(羽)
색깔	푸른색[靑]	붉은색[赤]	노란색[黃]	흰색[白]	검은색[黑]
내장	지라[脾]	폐	심장	신장	간
동물	비늘[어류]	날개[조류]	알몸[인류]	털[포유류]	껍질[무척추동물]

이다. 그러나 고대 중국인은 세상의 이 모든 차원을 오로지 오행 그리고 더 나아가 음양의 논리에 묶어버리고, 이 차원이 각각 유기체적으로 상호작용한다고 애매하게 얼버무림으로써 체계적인 분과 학문으로 발전하는 것을 원천적으로 봉쇄해버렸다. 이 점에서 우리는 고대 중국인의 음양오행 체계를 지나치다 싶을 정도로 신랄하게 비판한 레비브륄(Levi-Bruhl, 1857~1939)의 이야기를 잠시 들어볼 필요가 있다. 도발적인 연구서 『열등한 사회들을 통해서 살펴본 정신의 기능 Les Fonctions dans les Société Inferieures』에서 레비브륄은 "자기 충족적인 것처럼 보이는 음양오행의 체계는 자신이 표현하고 있다고 주장하는 현실과는 전혀 접촉하지 않은 채 무한히 진행되는 사변적인 논리"라고 지적하며, "음양오행설을 통해 중국인들이 천문학, 물리학, 화학, 생리학, 병리학, 치료학 등과 관련된 방대한 자료를 집적했다고 할지라도 이것들은 모두 잠꼬대에 지나지 않는다"고 혹평한다. 그의 입장은 유기체적 자연관을 신봉하던 니덤에 의해 『중국의 과학과 문명』 도처에서 비판받고 있지만, 우리는 오히려 레비브륄

의 주장에 귀를 기울일 필요가 있다.

타인을 살려주고 자애롭게 대한다는 윤리 덕목인 인(仁)이 무엇이냐고 물을 때, 주희를 포함한 고대 중국인들은 그것은 봄〔春〕과 같은 것, 혹은 중국 전통 화음계 중 궁(宮) 음과 같은 것이라고 대답한다. 궁음을 연주하면 어류나 조류들이 반응할 것이라고도 설명하는 고대 중국인들의 생각에서 우리는 그들이 일상에 매몰되어 있는 비과학적인 사유방식, 더 나아가 신화적인 사유방식을 가지고 있었다는 느낌을 지울 수가 없다.

그러므로 비록 동양 전통 과학사상에서 유기체적 자연관의 맹아가 보인다고 할지라도, 다음과 같은 점을 결코 잊어서는 안 된다. 음양오행론이나 동양 특유의 유기체적 자연관을, 현대 물리학의 유기체적 자연관과 혼동해서 안 되는 이유도 바로 여기에 있다. 고대 중국인은 일상적 경험을 유비적으로 확장해서 음양오행론이라는 유기체적 자연관을 만들었다. 따라서 이미 이들의 유기체적 자연관을 추동하는 주요 동력은 '일상적 관심' 또는 '일상적 경험'이었다고 할 수 있다. 그뿐만 아니라 일상적 관심과 경험은 당시의 중국인이 의미심장하게 간주한 온갖 '목적'의 범위를 결코 벗어나지 못한 것이었다. 반면 현대 물리학이 발견한 과학성과를 설명해주지 못하는 '기계론적 자연관'을 대체하기 위해서, 20세기 말부터 꾸준히 제기되는 유기체적 자연관은 분명 '이론적 관심'에 따라서 추동된 것이다. 이 차이점을 망각한다면, 동양사상과 현대 물리학의 유사성에 흥분한 카프라 그리고 카프라의 선동에 아직도 흥분하는 몇몇 학자들이 저질렀던 잘못을 우리도 다시금 반복하게 될 것이다.

과학의 혁명성과 철학의 소임

광학과 철학자들

빛이 없다면 혹은 눈이 없다면 우리가 무엇인가를 본다는 작용 자체도 불가능했을 것이다. 뿐만 아니라 빛과 눈에 대한 과학적 인식이 부재했다면, 우리로 하여금 새로운 것을 보게 만드는 렌즈 기술도 발생할 수 없었을 것이다. 그렇다면 안경이라는 물건은 겉보기와 달리 무척 심오한 의미를 함축한 것일 수 있다. 그것은 광학이란 학문이 구체화된 것이기 때문이다. 광학은 무엇보다도 빛, 그리고 그것을 느끼는 눈에 대한 사유로 이해할 수 있을 것이다. 일상적으로 우리는 어떤 장미꽃을 보고 붉다고 느낀다. 마치 그 장미꽃이 붉은 색을 가지고 있는 것처럼 말이다. 그러나 광학에 따르면 붉은 꽃이 붉게 보이는 이유는 그 꽃이 태양 빛 가운데 붉은 색을 띠는 파장대의 빛을 반사하고 있기 때문이다. 그렇다면 그 꽃이 원래 붉은 색을 가지고 있다고 말할 수는 없을 것이다. 이와 같은 방식으로 광학이란 학문은 대상을 보는 작용에 대한 우리의 소박한 이해방식을 근본적으로 동요시켰다. 그러나 이런 동요나 그로부터 오는 낯섦이 없었다면, 우리는 안경의 핵심이라고 할 수 있는 렌즈를 만들어낼 수 없었을 것이다.

철학에 관심이 없는 사람도 데카르트(René Descartes 1596~1650)나 스피노자와 같은 학자들의 이름은 기억할 것이다. 하지만 이 두 명의 위대한 철학자가 동시에 광학에 깊은 관심과 조예를 가지고 있었다는 점을 기억하는 사람은 많지 않다. 특히 스피노자는 당시 질 좋은 렌즈를 만드는 기술을 가진 사람으로도 유명했다. 전해지는 이야기에 따르면, 그는 렌즈를 연마할 때 발생하는 유리가루를 너무나 많이 들이켜서 폐결핵으로 죽었다고 한다. 죽기 바로 얼마 전인 1667년 3월 3일에 스피노자는 광학에 대한 데카르트의 판단이 옳지 못했다는 것을 밝히는 편지를 작성하고 있었다. 이 편지에 따르면 데카르트는 안구에서 어떻게 빛이 수렴되는지를 정확히 이해하지 못했다. 사실 눈과 빛의 관계를 정확히 파악하지 못한다면, 즉 광학에 대한 이해가 정밀하지 못하다면, 렌즈를 만들 수 없었을 것이다. 설령 만들었다고 해도 우리의 보는 작용에는 그다지 도움이 되지 못했을 것이다. 스피노자는 난해하고 복잡한 형이상학 체계를 구성했던 것으로 유명한 철학자다. 그런데 그와 같은 철학자가 자신의 죽음을 바로 눈앞에 두고 광학에 대한 사유에 몰두했던 이유는 과연 무엇이었을까?

광학에 대한 스피노자의 지속적인 관심은 하나의 상징적 사건으로도 읽을 수 있을 것이다. 앞서 말했듯 렌즈의 제조는 빛과 눈에 대한 정확한 이해를 전제로 한다. 그리고 이렇게 만들어진 렌즈는 우리로 하여금 보이지 않던 것을 보이게 만드는 기능을 수행하게 된다. 철학자 스피노자가 주목한 것은 바로 이런 현상이 아니었을까? 그 당시는 종교적이고 미신적인 사유가 마지막 숨을 거세게 몰아붙이던 시대였다. 근대 초 자연과학의 성과를 비판적으로 흡수한 스피노자의 철학은, 전통과 우상을 파괴하는 혁명적인 사유로 간주될 수밖에 없었다. 그것은 철학자 스피노자가 종교적 사유에 의해 보이지 않던 것, 즉 보다 정확히 말해 종교적 사유가 애써 감추려고 했던 것들을 보여주었기 때문이다. 그가 일찌감치 유대교회로부터 저주를 받고 파문을 당했던 것도 바로 이런 이유에서였다. 이 점에서 스피노자의 철학은 당시에는 새롭게 맞추어진 안경과도 같은 역할을 담당했다고 말할 수 있다. 렌즈를 연마할 때 요구되는 열정과 정성으로 그는 자신의 철학을 다듬어 나갔던 것이다. 새롭게 만들어진 렌즈를 통해 세상을 낯설게 보는 것처럼, 자신의 철학을 통해서 세상을 새롭게 성찰할 수 있었던 것이다.

과학혁명의 진정한 의미

렌즈는 안경으로만 사용되는 것이 아니다. 그것은 현미경으로 혹은 망원경으로도 사용될 수 있다. 현미경과 망원경은 우리가 일상적 경험으로는 확인할 수 없는 세계들을 우리에게 열어놓는다. 보이지 않던 세계를 보이게끔 만들기 때문이다. 이제 우리는 오랫동안 악마의 농간으로 여겨졌던 질병의 원인이 세균이라는 것을 알 수 있게 되었다. 다른 한편 계수나무 밑에서 방아를 찧고 있다던 토끼의 모습은 더 이상 찾아볼 수 없게 되었다. 최초로 현미경과 망원경을 들여다보았던 어느 과학자의 설렘을 한번 생각해보자. 흥미로운 영화가 시작되기 직전 극장에 앉아 숨죽이고 있는 관객들처럼, 그는 긴장과 두려움, 강렬한 흥분 속에 빠져 있을 것이다. 도대체 어떤 세계가 그의 앞에 펼쳐질 것인가? 그것이 과연 어떤 세계든 간에 일상적인 세계와는 무척이나 다른 놀라운 세상이 우리에게 전개될 수도 있다. 렌즈를 통해서 바라본 세계는 일상적 세계의 모든 것을 허물고 좌절시킬 수도 있기 때문이다.

과학이 단순히 기술을 넘어서는 이유도 바로 여기에 있다. 과학은 근본적으로 새로운 시선을 만드는, 따라서 기존의 시선을 폐기하는 혁명성을 가지고 있다. 기술은 유용함이라는 척도로 자신의 존재 가치를 증명해야만 한다. 그러나 과학은 이러한 인간적 유용함을 넘어서려는 다른 의미의 초월성, 즉 새로운 세계를 열어주는 혁명성을 통해서만 자신의 존재를 증명할 수 있을 뿐이다. '과학혁명'을 고찰하면서 토머스 쿤(Tomas Kuhn, 1922~1996)은 정상과학의 시기와 과학혁명의 시기에 대해 이야기했던 적이 있다. 그런데 정상과학의 시기에 기술의 결합 혹은 기술의 축적이 가능하다고 말할 수는 있겠지만, 과학이 자신의 본래 모습을 드러낸다고 할 수는 없을 것이다. 친숙한 세계를 파괴해 버릴 수 있는 낯선 세계의 모습을 보여주는 시기, 즉 과학혁명의 시기에만 과학은 자신의 파괴적인 위용과 힘을 드러내기 때문이다.

과학은 세계에 대한 새로운 시선을 창조하고, 따라서 새로운 진리를 발명해낸다. 안경이 그랬던 것처럼 여기서 중요한 것은

'진짜인가 거짓인가' 라는 구분이 아니라 '낡은 것인가 새로운 것인가' 의 구분이다. 그런데 아쉽게도 과거에 하이데거°(Martin Heidegger, 1889~1976)를 포함한 많은 철학자들은, 과학이 제공하는 새로운 세계에 대해 진짜냐 거짓이냐는 구분을 관철시키려고 시도했다. '숲길' 에서 느껴지는 목가적인 정서를 노래하면서 하이데거가, 과학을 '기술통치' 의 결과라고 주장하고 기술이 가져다주는 지구 황

폐화를 진지하게 고발했던 것도 바로 이런 이유에서다. 아쉽게도 그는 지구를 황폐화시키는 것이 기술 그 자체라기보다 자본의 충동에 포획된 기술이라는 점을 간과하고 있었다. 뿐만 아니라, 과학이 단순히 기술의 결과라는 전도된 생각을 유포시키고 말았다. 우리가 지금도 하이데거의 오류를 지적할 수밖에 없는 이유는, 의도했든 그렇지 않든 간에 그가 과학이 지닌 혁명성을 은폐하는 데 일조했기 때문이다.

과학과 철학의 관계

소크라테스 이래로 철학은 모든 앎에 대한 비판적 성찰이라고 이해해 왔다. 이 점에서 현대 프랑스 철학자 알랭 바디우°(Alain

알 랭 바디우

바디우는 현대 프랑스 철학의 지적인 흐름과는 달리 체계와 진리를 추구하는 프랑스의 유일한 철학자라고 할 수 있다. 그는 라캉의 정신분석학, 칸토르의 집합론, 마르크스의 혁명이론, 하이데거의 철학을 수용하면서 자신의 사유를 확장시켰다. 다른 철학자들과는 달리 바디우는 철학이 진리를 발견하거나 생산하지 못한다고 생각한다. 철학의 역할은 수학, 시, 정치, 그리고 사랑이라는 네 가지 과정들이 생산해낸 진리들이 소통할 수 있도록 통일된 개념적 공간을 제시하는 것이기 때문이다. 주요 저서로 『존재와 사건』, 『주체의 이론』, 『철학을 위한 선언』 등이 있다.

Badiou, 1937~)는 철학의 본령에 충실한 철학자라고 할 수 있을 것이다. 그는 진리의 공정들이 바로 철학의 조건이라고 이야기한다. 그러나 바디우의 이 말은 철학이 진리를 직접적으로 생산하지는 못한다는 것을 의미하기도 한다. 그는 진리가 무엇으로부터 생산된다고 보았던 것일까? 바디우에 따르면 수학, 시, 정치 그리고 사랑이야말로 진리를 생산하는 네 가지 중요한 진리 공정이다. 여기서 수학이라는 진리 공정은 사실 과학을 상징하는 것이라고 할 수 있다. 한편 진리 공정들이 이 네 가지로만 한정될 이유는 전혀 없을 것이다. 중요한 것은 철학이라는 것이, 이와 같이 다양한 진리 공정들에 대하여 숙고하고 성찰하는 것으로부터 출현한다는 바디우의 주장이다.

바디우에 따르면 철학은 다양한 진리 공정들이 각자의 자리를 잡고 서로 소통할 수 있는 통일된 개념적 공간을 마련하는 것이다. 시, 정치, 사랑이라는 진리 공정이 새로운 세계를 우리에게 열어주듯이 수학으로 상징되는 과학도 우리에게 새로운 세계를 열어주는 진리 공정이다. 그래서 과학 역시 본성상 혁명적일 수밖에 없는 것이다. 진정 과학이 존재한다면, 그것은 매번 새로운 세계와 새로운 진리를 창조하고 우리로 하여금 새로운 세계에 적응하도록 강제하기 때문이다. 그런데 흥미로운 점은 이 지점에서 철학적 관점이 두 가지 흐름으로 갈라설 수 있다는 사실이다. 하나의 흐름은 과학이 제공하는 새로운 세계에 대해 불신하는 입장, 즉 하이데거로 대표되는 철학적 입장이다. 다른 하나의 흐름은 과학이 열어 놓은 새로운 세계를 긍정하며 그것을 포괄하는 새로운 철학적 전망을 모색하려는 입장이다. 사실 전자는 쉽고, 후자는 매우 어렵다. 그래서 그런지 대부분의 철학자들은 하이데거가 취했던 전자의 입장을 따르려는 경향을 보이고 있다.

과학에 역사가 있는 만큼 철학에도 역사가 있다. 역사 속에는 거짓된 세계와 진짜 세계라는 종교적이고 허위적인 이분법이 발을 들여놓을 수 없다. 역사의 공간에선 낡은 세계와 새로운 세계 간의 역동적이고 창조적인 생성 과정만이 가능할 뿐이다. 과학과 철학이야말로 역사성, 다시 말해 역동성을 대표하는 것이다. 물론 바디우의 지적처럼 철학의 역사성은 기본적으로 과학이란 것이 혁명적인 진리 공정이기 때문에 가능한 것이다. 철학은 과학의 진리가 다른 진리 공정들과 함께 공존할 수 있는 개념적 질서를 모색하는 비판적 성찰의 작용이다. 과학에서 혁명이 가능하다면, 우리는 철학도 그렇다는 것을 인정하지 않을 수 없다. 그러나 아직도 많은 철학자들이 철학사의 흔적에 사로잡혀서, 낡은 세계의 진리를 설교하는 광대 노릇을 하고 있는 것은 아닐까? 그러면 그럴수록 철학은 고립된 채 시들어가게 될 것이다. 새로운 철학이 가능하기 위해서, 혹은 죽어가는 철학을 다시 살리기 위해서 우리는 과학의 혁명성 속에서 수혈의 가능성을 엿보아야 할 것이다.

5th. Street

징검다리

같이 토론하기 · 한자로 보는 원문 · 지식인 지도
중국 과학기술 발전사 연보 · 키워드 찾기 · 깊이 읽기

같이 토론하기

동양의학은 보통 해부학으로 상징되는 서양의학과 무관하게 발전되어 온 것이라고 이해된다. 그러나 동양의학의 창시자라고 할 수 있는 편작(扁鵲)을 통해서, 우리는 편작 당시에 이미 동양에도 해부학적 의학이 존재했다는 것을 알 수 있다. 이처럼 동양의학의 탄생은 단순히 자생적으로 출현한 전통이라기보다는 오히려 해부학적 의학에 대한 의식적인 거부로부터 탄생한 것이라고 할 수 있다. 다음 제시문은 가노우 요시미츠(加納喜光, 1940~)의 글 가운데 일부분이다. 이 글을 읽고 서양의학의 특징과 동양의학의 특징을 명확히 이해하고, 서로 다른 두 의학전통이 결합될 가능성이 있는지 생각해보자.

제시문 1

몸을 열겠다는 해부학적 발상은 이미 유부라는 의사에게도 있었던 것이지만 편작에게서 비판을 받은 뒤 없어져버렸다. 편작을 이어받은 『황제내경』의 의학은 살갖을 찔러서 경락을 매개로 하는 장부(臟腑)의 기혈을 조절한다는 온화한 치료법을 이론화하였다. 그것은 다른 말로 표현하면 신체를 하나의 닫힌 블랙박스로 보고, 체표의 작은 틈(안면과 손의 징후)에서부터 몸 안의 모습을 상상하여 몸 안을 두르고 있는 물길의 이상(異常)을 외부에서부터 조작하는 수리(水利)치료법이었다. …… 해부학적 사고는 신체의 생활 기능을 전부 감각 기관으로 파악할 수 있는, 적어도 감각 기관적으로 생각할 수 있는 물질적인 것에 근거를 둔다고 보는 사고이다. 정밀하게 말하면 물질적 형태와 구조와 그 작용 사이에 인과적인 관계가 명백히 존재한다고 보는 사고라고 할 수 있다.

『몸으로 본 중국사상(中國醫學の誕生)』

해설 서양의학의 특징은 질병을 해부학적으로 사고한다는 데 있다. 그래서 서양의학은 엑스레이 검사법이나 내시경 등 직접 신체 내부를 살펴보겠다는 진단법을 발전시켜왔다. 반면 동양의학의 특징은 질병을 수리학적으로 사고한다는 데 있다. 그래서 동양의학은 진맥, 즉 신체 안에서 부단히 움직이며 영양분과 생명력을 전해주는 기(氣)의 흐름에 이상이 있는지 없는지를 맥을

가 가노우 요시미츠

가노우 요시미츠는 1968년 동경대학 문학부 중국철학과를 졸업했다. 오랫동안 그는 '물(物)을 통해 본 중국인의 정신사'라는 주제로 '한의학', 『시경(詩經)』, '한자'를 통해서 중국인들의 내면적 정신을 해명하려고 해왔다. 그의 주저 『몸으로 본 중국사상(中國醫學의 誕生)』(소나무, 1999)은 그의 오랜 연구 관심의 결정체였다. 이 책을 통해 그는 중국철학과 한의학 사이의 밀접한 관계를 흥미진진한 문체로 논의하고 있다.

짚어 진단하는 진단법을 발전시켰다. 서양의학과 동양의학의 이런 시선 차이는 기본적으로 양자가 서로 다른 세계관을 가지고 있다는 것을 말해준다. 서양의학이 근대 자연과학의 세계관, 즉 '기계론적 자연관'을 전제로 한다면, 동양의학은 음양오행론으로 대표될 수 있는 동양의 전통적 세계관, 즉 '유기체적 자연관'을 전제로 한다는 점에서도 차이가 난다.

주희는 고대 중국의 유기체적 자연관을 형이상학적으로 체계화한 인물이다. 그는 인간을 포함한 생물들뿐만 아니라, 무생물들도 모두 우주라는 하나의 거대한 유기체의 부분으로 이해하고 있다. 다음 제시문을 읽고 주희에게 '궁리(窮理), 즉 '이치(理)를 탐구한다'는 것이 현재 우리가 수행하고 있는 과학 탐구행위와 어떻게 차이가 나는지 생각해보자.

예를 들어보자. 내 손에 부채가 있다. 이것이 바로 (눈에 보이는 그릇과 같은) 사물인데, 이 안에 부채의 이치가 들어 있다는 것이다. 부채는 이렇게 펴서 부치도록 만들었기 때문에, 반드시 펴서 부치는 데 써야 한다. 이것이 바로 눈에 보이지 않는 도(道)인 셈이다. 그럼 하늘과 땅 사이를 생각해보자. 위는 하늘이고, 아래는 땅 그리고 그 사이에는 많은 것들이 있다. 태양, 달, 별, 산, 하천, 풀, 나무, 사람, 동물, 날짐승, 들짐승 등등. 이런 것들이 바로 '눈에 보이는 그릇'들이다. 그렇지만 이런 것들 안에도 곧 자신만의 고유한 이치가 있는데, 이것이 바로 '눈에 보이지 않는 도'이다.

『주자어류(朱子語類)』(권 60).

해설 기술과 과학의 가장 큰 차이는, 기술이 과학에 비해 인간의 이해관계와 더욱더 밀접한 관련을 맺고 있다는 데 있다. 다시 말해 기술은, 과학이 배제하려는 인간의 주관적인 필요, 우리의 욕망, 우리의 주관적인 소망을 반영하는 것이다. 이 점에서 기술은 우리의 '일상적인 관심'을 반영한다고 할 수 있다. 반면 과학은 될 수 있으면 '일상적인 관심'을 배제하고, 대상을 '이론적인 관심'을 통해서 이해하고 파악하려 시도한다. 예를 들면 물질의 원리를 파악하기 위한 노력의 일환으로 진행되었던 핵융합과 핵분열의 원리에 대한 탐구는 과학적 탐구였다고 할 수 있다. 반면 과학적 탐구를 통해 얻어진 원리를 어떤 필요에 따라 이용하는 것, 즉 예를 들어 핵의 융합과 분열의 원리를 기초로 적대국을 멸망시키기 위해 원자폭탄을 제조하는 노력과 같은 것은 기술적 탐구에 속한다고 할 수 있다. 주희가 부채의 '이치'라고 말한 것을 보면, 주희의 이치라는 것은 기본적으로 인간의 일상적인 관심 또는 일상적인 경험을 일반화시켜 구성된 것이라는 점을 이해할 수 있다. 그렇다면 결국 이것은 주희의 이치 탐구에서 순수한 의미의 자연과학적 연구가 불가능하다는 것을 말해주는 것이 아닐까?

고대 중국의 과학사상은 '부분 안에 전체가 담겨 있다'는 유기체적 자연관이 특징이다. 고대 중국인은 부분 안에 전체가 담겨 있는 패턴을 '음양오행'으로 설명한다. 다시 말해 전체에도 음양오행의 구조가 있고, 부분에도 음양오행의 구조가 있기 때문에, '부분 안에 전체가 담겨 있다'고 믿는다. 이런 관점에 대해 서양에서는 서로 반대되는 두 가지 평가가 공존한다. 레비브륄 같은 사람은 이것을 열등한 정신의 소산이라고 보고, 니덤이나 신과학운동을 지지하는 사람들은 이것을 새로운 미래 사회의 세계관이라고 극찬한다. 다음 두 제시문을 읽고 자신은 어느 쪽 주장을 지지하는지, 그리고 그 이유는 무엇인지 생각해보자.

제시문 3

레비브륄:이들 과학이라고 이름 붙일 수 있는 것은 분명 명확한 형태를 갖는 개념(즉 음양이나 오행 개념)에 의존한다. 그러나 이 개념은 경험에 따른 검증을 거친 것이 아니며, 처음부터 불가사의한 관계를 맺는, 막연하면서 실증되지 않는 개념 이외에 아무것도 함유하지 않는다. 이 개념은 겉보기에는 추상적이며, 일반적인 형식을 취하고, 분석과 종합이라는 이중 과정을 가능하게 하기도 하며, 매우 논리적으로 보인다. 그런데 흥미로운 것은 이런 과정이 항상 유효한 경험적 결과를 가져오는 것이 아님에도, 오히려 자기만족적으로 무한히 진행된다는 데 있다.

『열등한 사회를 통해서 살펴본 정신의 기능』

니덤 : 17세기 중엽까지는 중국과 유럽의 과학이론이 거의 같았다. 그 뒤 비로소 유럽사상이 급격하게 진보하기 시작하였다. 그것은 데카르트-뉴턴적인 기계론의 철학 아래서 진행되었다. 그러나 그 사상을 견지하는 것이 영구적으로 과학의 필요를 충족시킬 수는 없었다. 물리학을 작은 유기체의 연구로 보며, 생물학을 큰 유기체의 연구로 보아야 한다고 요청하는 시대가 올 것이다. 이 시대가 올 때, 유럽(또는 당시까지의 세계)은 지극히 오래되었고 매우 현명하며 조금도 유럽적이지 않은 사고양식에 의지할 수 있게 될 것이다.

『과학사상사』「중국과학의 기본사상」

해설　우리는 먼저 20세기 서양의 지성계에서 새로운 세계관이라고 주창하는 '유기체적 자연관'과 2천여 년 동안 중국의 과학사상을 지배한 음양오행론으로 대표되는 '유기체적 자연관' 사이에 결정적인 차이가 있다는 점에 주목해야만 한다. 화이트헤드의 유기체 철학을 신봉하던 니덤이나 현대 물리학, 특히 양자이론에 심취했던 신과학운동이 새로운 세계관이라고 극찬한 '유기체적 세계관'은 기본적으로 세계와 인간에 대한 과학적 관심, 즉 '이론적 관심'에 따라 나타난 것이다. 반면 음양오행론 같은 동양의 유기체적 자연관은 세계와 인간에 대한 기술적 관심, 즉 '일상적 관심'에 따라 발생하였다. 그런데 과학을 추동하는 두 동력은 '수학'과 '경험', 즉 '이론'과 '실험'이라고 할 수 있다. 현대 물리학이 제안하는 유기체적 자연관은 이 두 가지 동력을 여전히 채택하지만, 고대 중국의 유기체적 자연관은 이 두 가지 동력을 오히려 부정한다. 동일한 함의가 있는 유기체적 자연관인데도 왜 이런 차이가 생길까? 이런 질문에 합리적인 답을 내릴 수 있을 때에, 우리는 레비브륄과 니덤의 상반된 입장을 평가할 수 있는 관점을 확보할 수 있을 것이다.

한자로 보는 원문

● 『회남자』

人主之情, 上通于天. 故誅暴, 則多飄風, 枉法令, 則多蟲螟, 殺不辜,
則國赤地, 令不收, 則多淫雨. 四時者天之吏也, 日月者天之使也, 星辰
者天之期也, 虹蜺彗星者天之忌也.

✎ ・誅(주): 죄인을 죽이다 ・飄(표): 회오리바람 ・螟(명): 배추벌레
・不辜(불고): 죄 없는 사람 ・淫雨(음우): 계속 축축하게 지속적으로 내리는 비
・虹蜺(홍예): 무지개

군주의 실정은 위로 하늘에 통한다. 그러므로 군주가 잔혹하게 정치를 하면
사나운 바람이 많아지고, 군주가 법령을 잘못 시행하면 해충이 많이 생기며,
군주가 죄 없는 사람을 죽이면 국가에 심한 가뭄이 들고, 군주가 때에 맞게
시령(時令)을 실시하지 않으면 비가 많아진다. 네 계절[四時]은 하늘의 관리이
고, 해와 달은 하늘의 사신이며, 별은 하늘의 모임이고, 무지개와 혜성은 하
늘의 징조이다.

『회남자』 「천문훈」

해설 고대 중국인은 유기체적 세계관을 믿었다. 다시 말해 그들은
자연계의 변화가 인간에게 영향을 미치고, 인간계의 변화가 자연계
의 변화에 영향을 미친다고 믿었다. 유기체에서는 어떤 부분의 변화
가 전체의 변화를 야기하고, 나아가 이 전체의 변화가 유기체의 다른
모든 부분의 변화를 야기하기 때문이다. 따라서 인간은 자신의 행동
이 전체 세계와 조화롭게 영위되는지를 부단히 반성해야 할 뿐만 아

니라, 아울러 인간 세계 밖의 자연 세계의 변화에도 지속적으로 관심을 두어야만 한다고 보았다. 그런데 여기서 중요한 것은 인간이 전체세계와 조화로운 삶을 유지한다고 할지라도, 하늘의 행성이 조화를 어긴다면 인간 세계는 어쩔 수 없이 막대한 피해를 당할 수밖에 없다는 점이다. 이런 이유로 고대 중국인은 '행성의 위치 변화', 즉 '하늘의 문자〔天文〕'를 그렇게도 중시했던 것이다. 그러나 이런 의도에 따라 관찰된 천문 현상은 '천문학(astronomy)'의 대상이라기보다는 오히려 '점성술'의 대상에 지나지 않는 것이다.

● 『회남자』

春行夏令泄, 行秋令水, 行冬令肅. 夏行春令風, 行秋令蕪, 行冬令格. 秋行夏令華, 行春令榮, 行冬令耗. 冬行春令泄, 行夏令旱, 行秋令霧.

- 泄(설): 세다　　• 肅(숙): 몸이 경직될 정도로 서늘하고 차갑다
- 蕪(무): 잡초가 우거지다　　• 格(격): 나뭇잎 등이 시들어 떨어지다
- 華(화): 꽃이 피다　　• 旱(한): 가물다　　• 霧(무): 안개가 끼다

봄에 여름의 정령을 시행하면 (봄의 기운이) 새어나가고, 가을의 정령을 시행하면 수재가 많이 발생하고, 겨울의 정령을 시행하면 매서운 날씨가 이어진다. 여름에 봄의 정령을 시행하면 풍해가 많이 발생하고, 가을의 정령을 시행하면 토지가 황폐해지고, 겨울의 정령을 시행하면 초목이 시들게 된다. 가을에 여름의 정령을 시행하면 꽃이 피게 되고, 봄의 정령을 시행하며 초목이 번성해지고, 겨울의 정령을 시행하면 모든 것이 시들게 된다. 겨울에 봄의 정령을 시행하면 (겨울의 기운이) 새어나가고, 여름의 정령을 시행하면 가물게 되고, 가을의 정령을 시행하면 안개가 자주 끼게 된다.

『회남자』 「시칙훈」

『회남자』「시칙훈」편은 고대 중국인의 시간관을 가장 분명하게 보여주는 문헌이다. 그들은 오행론에 입각해서 1년을 구성하는 12개월을 질적으로 차이 나는 것으로 설명했고, 더 나아가 질적으로 차이 나는 12개월 각각에 맞는 인간의 정치적 행동을 제안했다. 유기체적 세계관에 따르면 전체 세계의 부분으로서 인간의 행위는 전체 세계의 조화와 균형에 영향을 미칠 수 있다고 보았기 때문이다. 방금 읽은 부분은 인간이 봄, 여름, 가을, 겨울에 맞는 정치를 행하지 않았을 때 생기게 될 불균형과 부조화 현상을 이야기한다. 이것은 인간이 오행의 원리에 맞게 정치를 해야 함을 강조하기 위한 것이지만, 자연계의 변화와 인간계의 변화가 유기적으로 조화되어야만 한다는 이들의 믿음을 전제하는 논의라고도 할 수 있다.

●『황제내경』

經脈流行不止, 與天同度, 與地合紀. 故天宿失度, 日月薄蝕, 地經失紀, 水道流溢, 草鱛不成, 五穀不殖, 徑路不通, 民不往來, 巷聚邑居, 別離異處. 血氣猶然.

* 度(도): 법칙 * 紀(기): 법도 * 宿(숙): 별자리 * 草鱛(초의): 초목들
* 巷聚(항취): 도시에 모여 삶 * 邑居(읍거): 시골에 모여 삶
* 別離(별리): 서로 떨어지다 * 異處(이처): 사는 곳[處]을 달리하다[異]

경맥 속의 혈기의 흐름이 끊임없이 유행하는 것은 자연의 운동법칙과 같다. 그러므로 천체의 운행이 일정한 법칙을 상실하면 일식과 월식 같은 현상이 나타나고, 땅의 법칙이 항상됨을 잃으면 하천이 범람하고 초목이 자라지 않고 곡식이 익지 않으며, 길이 막혀 백성이 왕래하지 않고 이곳저곳에 흩어져 살아가게 된다. 혈기는 더욱 그러하다.

『황제내경·영추』「옹저」

해설 하천이나 그 지류가 막히게 되면, 그 속에서 흐르던 물은 범람하여 인간에게 엄청난 피해를 주게 된다. 그래서 수리학(水利學, hydrography)이 매우 중요하였다. 수리학의 목적은 기본적으로 막힌 곳을 뚫어, 물의 흐름을 조절해 물이 자신의 길로 다니도록 해서 인간에게 주는 피해를 최소화하려는 데 있었다. 이와 마찬가지로 신체 내부에 그물망처럼 퍼져 있는 경락은, 위장에서 소화된 영양분이 유동화되어 만들어진 기(氣)를 신체 모든 부위에 전달해주는 역할을 담당한다. 경락이 막히면 인간은 병에 걸리고, 반대로 막힌 경락을 뚫어주면 인간은 병에서 벗어날 수 있다. 이처럼 동양의학은 '수리학에 입각한 상상력'을 통해 신체의 질병에 접근한다는 특징이 있다.

● 『황제내경』

離絕菀結, 憂恐喜怒, 五藏空虛, 血氣離守, 工不能知, 何術之語!

• 菀(울): 풀 길 없는 깊은 감정   • 工(공): 의사   • 術(술): 의술

삶을 살다가 겪는 이별의 고통, 떠나간 것에 대한 그리움, 풀지 못할 억울함, 풀 길 없는 깊은 감정이나 근심·공포·기쁨·노여움 등은 모두 오장을 공허하게 하고 기혈을 흩어지게 하는데, 사람의 생명을 다루는 의사가 이것을 모르고서 어떻게 의술을 말할 수 있겠습니까?

『황제내경·소문』「소오과론」

해설 『황제내경』에 따르면 신체와 정신은 유기체적 관계에 놓여 있다. 따라서 "삶을 살다가 겪게 되는 이별의 고통, 떠나간 것에 대한 그리움, 풀지 못할 억울함, 풀 길 없는 깊은 감정이나 근심·공포·기

쁨·노여움"같은 정신작용도 당연히 질병을 유발할 수 있다. 또한 반대로 신체 내부의 장기에 문제가 발생하면, 이것은 반대로 정신작용에 큰 영향을 미친다. 그래서 동양의학은 환자들과 대화하고 질문함으로써 그들의 정신적 역사를 읽어내려고 노력하는 것이다. 이것은 동양의학의 '유기체적 심신관'에 따를 경우 어쩔 수 없는 일이라고도 할 수 있다. 이 점에서 경락이라는 맥을 짚어 기의 흐름을 진단하려는 절진(切診)이 『황제내경』의 '유기체적 신체관'을 반영한다면, 환자의 정신적 역사를 진단하려는 문진(問診)은 『황제내경』의 '유기체적 심신관'을 잘 보여준다고 할 수 있다.

지식인 지도

갑골문자와
금문의 기론

『주역』의 음양론

『회남자』

정약용

주희

범 례

──────▶	계 승 관 계
──·─·─▶	비판적 계승 관계
◀──────	대 립 관 계
------▶	비 판 관 계

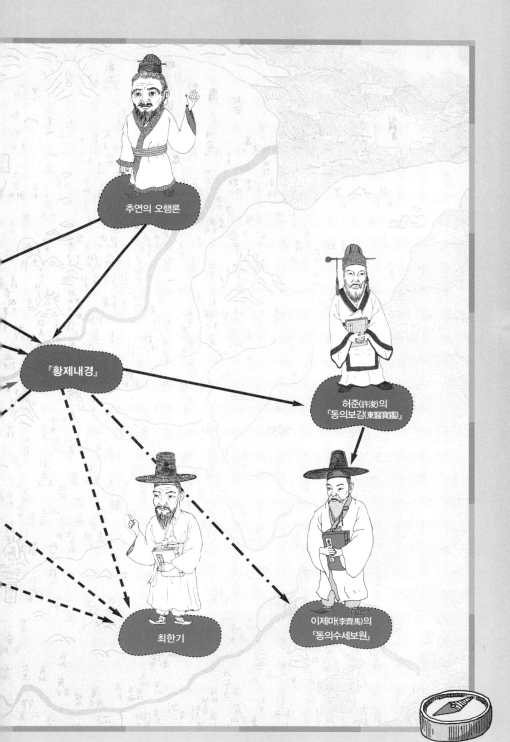

추연의 오행론

『황제내경』

허준(許浚)의
『동의보감(東醫寶鑑)』

최한기

이제마(李齊馬)의
『동의수세보원』

중국 과학기술 발전사 연보

- 고대중국의 과학과 기술
- 고대 바빌로니아와 같은 음력, 정확히 말해서 '태음태양력'을 사용하기 시작
- 19년마다 7번의 윤달을 두어야 한다는 '치윤법(置閏法)'을 발견
- 태양 운동을 기준으로 하는 24절기를 채택
- 『주역(周易)』을 통해 최초의 이진법과 음양론을 체계화
- 추연(鄒衍)의 오행설이 유행
- 의료 주체가 무당[巫]에서 의사[醫]로 전환
- 편작이 동양의학의 기초 작업을 시행

- 한나라(BC 206~AD 220) 때의 과학과 기술
- 동중서의 사이비 과학, 즉 재이설(災異說)이 크게 유행
- 장형(張衡, 78~139)이 혼천의(渾天儀)를 제작
- 개천설(蓋天說)과 혼천설(渾天說)이 유행
- 246개의 구체적 응용문제를 다룬 수학책 『구장산술』이 완성
- 전국시대 의학을 집대성한 『황제내경』이 비로소 완성
- 후한시대에 장기(張機)가 지은 임상의학서 『상한론(傷寒論)』이 완성
- 일식과 월식의 주기를 설명하면서 왕충(王充)이 기존의 재이설을 공격
- 종이와 나침반을 발명
- 가축이나 물을 동력으로 이용한 농업기계가 발명

- 수나라와 당나라(581~906) 때의 과학과 기술
- 국자감에서 산수를 정규과목으로 설치하고, 『구장산술』 등 10개 수학책을 교재로 채택
- 조충지(祖沖之, 429~500)와 그의 아들 조항지(祖恒之)가 원주율이 3.1415926에서 3.1415927 사이에 있다는 것을 발견
- 이순풍(李淳風, 602~670)이 '인덕역(鱗德曆)'이라는 역법을 창안
- 혜성의 현상에 대한 주목할 만한 관찰 기록이 남겨짐
- 1,200여 가지 병을 67조목으로 분류한 의서 『병원후론(病源候論)』 완성
- 의사의 자세와 태도 등 의료윤리를 다룬 의서 『천금방(千金方)』 완성
- 흑색화약에 대한 세 가지 제조법을 다룬 『무경총요(武經總要)』 완성

- 송나라에서 명나라까지(960~1643)의 과학과 기술
- 소옹의 상수학(象數學), 즉 『주역』을 이용한 수비학(numerology)이 유행.
- 주희가 유기체적 자연관을 완성
- 10차방정식까지 풀고 있는 진구소(秦九韶)의 『수서구장(數書九章)』 완성
- '파스칼의 삼각형(Pascal's triangle)'에서 유래한 수열 문제를 다룬 주세걸(朱世傑)의 『사원옥감(四元玉鑑)』 완성
- 마방진(magic square)을 다룬 양휘(楊輝)의 『양휘산법(楊輝算法)』 완성
- 1078~1085년 동안 항성을 관측해서 천문도 「순우천문도(淳祐天文圖)」를 완성
- '수운의상대(水運儀象臺)'라는 소송(蘇頌, 1020~1101)이 천문관측 장치를 발명
- 중국 약물학인 '본초학'을 집대성한 이시진(李時珍)의 『본초강목(本草綱目)』 완성
- 중국 전통 산업기술을 도판과 함께 설명한 기술서 송응성(宋應星)의 『천공개물(天工開物)』 완성

키워드 찾기

- **기氣** 기는 '눈으로는 볼 수 없으나 분명하게 느껴지는 어떤 힘이나 작용을 하는 무엇'이다. 기에 대한 경험이나 감지는 주체와 대상 사이의 분리를 전제로 하지 않기 때문에, 객관화되기 매우 어렵다. 일종의 상대성(relativity) 이론인 것처럼, 기에 대한 경험은 주체의 조건에 따라 큰 영향을 받을 수밖에 없기 때문이다. 그렇다고 해서 기가 비과학적인 개념이라고 성급하게 판단해서도 안 된다. 비록 양화가 힘들어서 객관화하기는 힘든 개념이지만, 기는 우리의 일상적인 다양한 질적 경험을 설명해주기 때문이다. 그렇기 때문에 고대 중국인은 일상생활에서 기라는 용어를 사용하면서 자신과 대상 세계를 이해하는 데 별다른 어려움을 느끼지 않았다. p41~52

- **음양陰陽** 원래 음(陰)은 '구름이 해를 가린 것'을, 양(陽)은 그 반대로 '구름이 걷히고 해가 나타난 것'을 의미하는 글자였다. 이로부터 고대 중국인들은 음과 양을 서로 대립되지만 의존해서만 이해할 수 있는, 대립 항목을 포괄하는 일반적인 용어로 사용하게 된다. 음양은 분류의 범주로 사용되기도 하고, 대립적인 두 힘을 가리킬 때 사용되기도 한다. 분류의 범주로 사용되는 사례로는 남성과 여성이 있을 때, 남성은 양으로, 여성은 음으로 분류된다. 반면 대립적인 두 힘을 가리킬 때 사용되는 사례로는, 남성 안에 강인함을 상징하는 양의 측면도 있고 또한 동시에 부드러움을 상징하는 음의 측면도 있다고 말하는 경우를 들 수 있다. 이것은 동일한 사물이나 사태 안에 두 가지 대립적인 힘으로서 음양이 모두 내재한다는 것을 의미한다. p52~63

- **오행五行** 서양 자연과학이 들어오기 전까지 동양 전통 과학사상의 키워드는 '음양오행설'이었다. 모든 자연현상은 음양이라는 두 가지 범주, 아니면 오행이라는 다섯 가지 범주에 따라 해석되고 예측되었다. 특히 과학사상에 커다란 영향을 미친 것은 음양론이기보다는 오행론이었다고 말할 수 있다. 오행론은 전국시대 추연이라는 사상가가 체계화한 것으로 알려져 있는데, 상이한 속성을 가진 다섯 가지 요소로 자연현상뿐만 아니라 사회현상도 모두 설

명해내는 이론체계를 말한다. 여기서 다섯 가지 요소란 바로 나무, 불, 흙, 쇠, 물을 가리킨다. 이 다섯 가지 요소를 통해서 고대 중국인은 모든 차원, 즉 계절, 방위, 맛, 냄새, 소리, 별자리, 기후, 색깔, 감정, 내장, 숫자, 통치형식, 제사형식 등을 분류하고 예측하였다. p64~73

• **경락**經絡 동양의학에서는 신체의 건강과 질병을 신체 안에 흐르는 기의 흐름을 통해서 진단한다. 기는 신체 내부의 장기에서부터 온몸 구석구석까지 모두 운행되는데, 기가 운행되는 통로가 바로 경락이다. 경락은 경맥과 낙맥으로 나뉘는데, 경맥은 신체 내부의 장기로 연결되는 기가 흐르는 주요 통로로 12개가 있다. 낙맥은 일종의 경맥의 지류로서 무수히 많이 산재해 있다. 동양의학에서 경락이 중요한 이유는 보통 침을 놓거나 뜸을 뜨는 자리인 경혈(經穴)이 바로 이 경맥에 있기 때문이다. p119~122, 126~127, 135, 142, 163

• **기계론적 자연관** Mechanical view of nature 기계론적 자연관은 서양의 근대 자연과학의 밑바닥에 깔려 있는 근본적인 세계관이었다. 기계론적 자연관은 과학자들이 대상을 연구할 때 분해와 종합이라는 방법을 가능하게 만들어주었다. 기계란 기본적으로 부분이나 요소로 분해될 수 있고, 또 재조립하여 원래 기계로 복구될 수 있는 것이기 때문이다. 예를 들어 물질을 구성하는 가장 단순한 요소, 예를 들어 원자나 소립자를 찾으려는 물리학의 시도나 신체를 해부하고 나아가 장기를 다른 장기나 인공장기로 이식하려는 서양의학의 시도 모두 기계론적 자연관에 입각해 있는 것이라고 할 수 있다. p15~19, 157, 182~200

• **유기체적 자연관** Organic view of nature 유기체적 자연관은 모든 것을 유기체, 즉 일종의 생명체로 바라보려는 자연관이다. 여기서 유기체란 '질적으로 상이한 부분의 통일체'라고 규정할 수 있다. 이런 정의는 기본적으로 유기체가 부분의 총합 이상이라는 것을 말해준다. 그런데 흥미로운 것은 이 자연관이 대상만 유기체로 파악하려는 것이 아니라는 점이다. 대상을 관찰하는 주체도 이 관찰이라는 운동 행위를 통해서, 대상과 유기적 관계에 들어갈 수밖에 없다고 주장하기 때문이다. p15~19, 22~23, 143~165, 182~200

깊이 읽기

❖ 『회남자』와 『황제내경』에 대한 번역서

• 이석호 옮김, 『회남자』 – 세계사, 1992

많은 사람들은 전국시대의 사상가들, 즉 제자백가(諸子百家)의 사상에 대해서는 양적으로나 질적으로 관심을 기울이는 편이지만, 한나라 때의 사상에 대해서는 거의 무관심한 편이다. 특히 『회남자』라는 책은 동양 전통 과학사상을 이해하는 데 가장 중요한 책인데도, 많은 사람들의 관심 범위 밖에 방치되어왔다. 이석호의 번역서는 이 점에서 동양 과학사상의 보고라고 할 수 있는 『회남자』를 직접 맛볼 수 있는 계기를 제공해준다. 이 책은 현대인으로서 이해하기 어려운 개념이나 논리에 대해 간단하지만 필요한 주석을 적절히 제공해 독자들에게 매우 유용하다.

• 이창일 옮김, 『황제내경』 – 책세상, 2004

『황제내경』은 동양의학에서 가장 중요한 고전이라고 할 수 있다. 한의학이 엄연한 학문분과로 인정받는 우리나라에서는 번역서가 많이 출간되었다. 그렇지만 일반인이 접근하기에는 너무 전문적인 감이 없지 않다. 이창일은 방대하고 복잡한 『황제내경』의 내용 가운데 중요하고 핵심적인 것을 선집하고, 새롭게 재구성해서 이 번역서를 냈다. 이 번역서의 가장 큰 장점은 현대인의 가독성을 높이기 위해 쉽고 평이한 번역을 시도하고 있다는 점이다. 또한 『황제내경』이 어떤 책이며, 무엇을 다루고 있는지, 나아가 동양의학의 핵심이 무엇인지를 진단하고 있는 해제 부분도 요긴하게 읽힐 수 있다.

❖ 동양 전통 과학사상을 이해하기 위해 읽어야 할 책

• 조지프 니덤, 『중국의 과학과 문명 : 사상적 배경』 - 까치, 1998

니덤은 『중국의 과학과 문명』이라는 총서를 기획하고 집필한 사람인데, 안타깝게도 완간을 눈앞에 두고 1995년에 죽었다. 동양 전통 과학사상을 공부하려는 사람이나 관심이 있는 사람들에게는 이미 고전의 반열에 이르렀다고 평가받는 이 총서는 전체 일곱 권, 책 수로는 현재까지 17권이 출간된 대저이다. 1956년에 출간된 이 총서 중 제2권이 바로 『과학사상사』이다. 이 책 역시 중국 과학사상에 대한 너무나 중요하고 많은 정보를 가지고 있어서, 일반 독자가 읽기 힘들다. 다행히 그의 제자 세대에 해당되는 콜린 로넌(Colin Ronan)이 더 간추려서 정리하였다.

• 마루야마 도시아끼, 『기란 무엇인가:논어에서 신과학까지』 - 정신세계사, 1989

저자는 동양 전통 과학사상의 핵심이 기(氣)에 있다는 것을 간파하고, 이 개념에 있는 과학적·철학적 중요성을 역설하였다. 기라는 개념을 통해서 동양 전통의 천문학, 풍수지리설, 동양의학 등을 엮어내는 저자의 솜씨가 매우 매력적이다. 부제에서 알 수 있듯이 이 책의 특징 가운데 하나는 20세기 후반 미국을 중심으로 일어났던 지성계의 운동, '신과학운동'을 비중 있게 잘 다루었다는 점이다.

• 가노우 요시미츠, 『몸으로 본 중국사상』 - 소나무, 1999

동양 특유의 유기체적 자연관은 글자 그대로 유기체를 사유와 발견의 모델로 채택하고 있는 입장이다. 따라서 유기체적 자연관이 가장 효과적으로 적용되는 대상은, 하늘도 땅도 아닌, 바로 살아있는 인간의 몸이라고 말할 수 있다. 이 점에서 동양 과학사상의 정화는 바로 동양의학에 있었다고 해도 과언이 아닐 것이다. 이 책의 원제목은 '중국의학의 탄생'이었지만 번역자들이 '몸으로 본 중국사상'이라고 이 책을 번역한 데는 이유가 있다. 그것은 저자 스스로가 '중국사상'을 통해 '중국의학'을 보기보다는 오히려 '중국의학'을 통해서 '중국사상'을 보려는 취지로 이 책을 썼기 때문이다. 사상이나 철학이 존재하는 개별과학과 경험에 대한 반성적 체계화라면, 우리는 이 책을 통해서 중국의학 뿐만 아니라 중국사상의 기원과 발생에 대한 생생한 기록을 읽을 수 있게 될 것이다.

❖ 동서 과학사상의 함의를 철학적으로 성찰한 책

• 김필년, 『동서문명과 자연과학』 - 까치, 1992

중국 과학사상에서 니덤이 가지고 있는 권위와 그 중요성은 거의 난공불락에 가깝다. 같은 동양 사람으로서 중국 과학사상의 중요성을 우리 대신 역설해주고 있기 때문에, 니덤은 동양 사람들에게 매우 중요하게 그리고 우호적으로 다루어지고 있다. 니덤은 동양 과학사상이 미신적이거나 비과학적이라는 인식을 불식시키려고 애썼기 때문이다. 김필년은 이런 니덤의 견해를 반성적이고 도전적으로 문제 삼고 있다. 니덤이 중국 과학사상의 핵심과 특징이 유기체적 자연관에 있다고 자랑했지만, 저자는 바로 그렇기 때문에 중국에서는 서양의 근대 자연과학의 발전과 같은 '과학혁명'이 나타날 수 없었다고 주장한다. 이 점에서 동양 전통 과학사상의 가능성과 한계를 동시에 점검하려는 독자들에게 이 책은, 니덤의 『중국의 과학과 문명』와 함께 읽혀야만 하는 중요한 저서라고 말할 수 있다.

• 김교빈·박석준 외, 『동양철학과 한의학』 - 민음사, 2003

한의학의 전문가들과 동양철학자들 사이의 학제적 연구를 모아 놓은 중요한 연구서들이다. 지금까지 한의학계에서는 임상적인 경험에 매몰되어 동양의학의 철학적 기초에 대한 반성이 미흡했다면, 동양철학계에서는 동양철학의 발생 토양이라고 할 수 있는 전통 과학사상에 대한 구체적인 내용에 매우 소홀했다고 할 수 있다. 그 결과가 어떻게 나왔는지 여부와는 상관없이, 이 공동연구 성과가 나왔다는 것만으로 한의학계와 동양철학계의 미래는 밝다고 할 수 있다. 더구나 훌륭한 것은 이 책의 공동연구 성과가 어디에 내놓아도 손색이 없을 정도로 탄탄하다는 점이다. 한의학의 철학적 기초에 관심이 있거나, 동양철학이 어떤 과학적 기초 위에서 발전했는지 관심이 있는 일반 독자라면 반드시 이 책을 읽어야 할 것이다.

인류의 지성사를 이끌어온
100인의 지식인 마을 주민들